Edward G. Gardiner

Beiträge zur Kenntnis des Epitrichiums und der Bildung des

Vogelschnabels

Edward G. Gardiner

Beiträge zur Kenntnis des Epitrichiums und der Bildung des Vogelschnabels

ISBN/EAN: 9783743418677

Manufactured in Europe, USA, Canada, Australia, Japa

Cover: Foto ©berggeist007 / pixelio.de

Manufactured and distributed by brebook publishing software
(www.brebook.com)

Edward G. Gardiner

Beiträge zur Kenntnis des Epitrichiums und der Bildung des Vogelschnabels

Beiträge

zur

Kenntniss des Epitrichiums

und der

Bildung des Vogelschnabels.

— —

Inaugural-Dissertation

zur

Erlangung der philosophischen Doctorwürde

der

hohen philosophischen Facultät der Universität Leipzig

vorgelegt von

Edward G. Gardiner

aus Boston, U. S. of A.

— —

Leipzig 1884.

Die Bildung des Epitrichiums bei Hühnchen.

Als ich unter der Leitung des Herrn Prof. Hyatt in Boston
U. S. A. die Entwickelung des Hühnchens studirte, fiel mir die
ausserordentliche Dicke des Epitrichiums, welches das Horn des
Schnabels während des Embryonallebens umhüllt, auf, und seit ich
unter der Leitung des Herrn Prof. Leuckart jene Untersuchungen
fortsetzte, habe ich mich bemüht, nicht nur die Verhältnisse dieser
Schicht bei verschiedenen Thieren zu studiren, sondern namentlich
auch für die erste Entstehung derselben eine Erklärung zu gewinnen.

Obgleich diese Schicht bei den Säugethieren schon vor vielen
Jahren beobachtet worden ist, war doch Kerbert (1) der erste,
welcher die Anwesenheit eines eigentlichen Epitrichiums bei Vögeln
und Reptilien erkannte. In Bezug auf die Deutung des Ursprungs
dieser Schicht war er jedoch, wegen der damaligen unvollkommenen
Beobachtungen über diesen Gegenstand, einigermassen im Irrthum.

Er setzte voraus, dass im Anfang bei allen Wirbelthieren die
Epidermis zweischichtig wäre und dass die äussere Schicht nicht
der „Hornlage“ des ausgewachsenen Thieres, sondern dem Epitrichium entspräche. Die untere Schicht, sagte er, sei zu gleicher
Zeit Hornschicht und Rete Malpighii, da aus ihr die zukünftige
Schleim- und Hornschicht entstände; mit anderen Worten, die
äusserste Schicht könne nur als ein Ueberrest des primitiven Epi-

1

blasts und nicht als ein Product der Schleimschicht betrachtet werden.

Bei der Beurtheilung dieser Angabe müssen wir uns erstens vor Augen halten, dass Kerbert's Untersuchung gemacht wurde, ehe noch Balfour und neuere Forscher das Dunkel, das auf einem bis dahin durchaus nicht erforschten Feld herrschte, gelichtet hatten, und zweitens, dass Kerbert sich überhaupt nicht die Aufgabe gestellt hatte, die ersten Stadien der Hautentwicklung zu untersuchen, er deshalb nur annehmen konnte, was die älteren Forscher darüber gesagt hatten, nämlich dass bei allen Wirbelthieren die Haut im Anfang zweischichtig sei.

Jeffries (2) ist ausser Kerbert meines Wissens der einzige Beobachter, der diese Schicht von den Vögeln beschrieben, aber sehr wenig zu dem, was Kerbert darüber bekannt gemacht, hinzugefügt hat. Von der früheren Entwickelung sagt er nur, dass ungefähr am zweiten Brütungstage das einzellige Epiblast in zwei Schichten zerfällt; nämlich in eine Schleimschicht und in ein Epitrichium. Am fünften Brütungstage fängt die Schleimschicht an, eine Hornschicht zu bilden, welche während des Embryonallebens von dem Epitrichium bekleidet bleibt.

Obgleich viele Forscher die späteren Perioden der Hautentwickelung bei verschiedenen Thieren geschildert haben, ist es mir, soweit ich im Stande war die vorhandene Literatur zu ergründen, nicht gelungen, eine vollständige Beschreibung des früheren Stadiums bei Vögeln und Säugethieren zu finden.

Balfour (3) sagt, dass bei allen Wirbelthieren (ausser den Anuren, Teleostiern und unter den Ganoiden Acipenser und Lepidosteus) das Epiblast im Anfang blos aus einer einzigen Zellenschicht besteht.

An einer andern Stelle, wo er von derselben Sache spricht, bemerkt er: „Das Epiblast des Embryonallebens zerfällt, obgleich es mehrere Lagen mächtig ist, doch erst während des späteren Embryonallebens in zwei Schichten". Mehr sagt er nicht darüber.

Obgleich Kölliker (4) kein so umfassendes Gesetz aufstellt, hat auch er das Epiblast bei Vögeln und Säugethieren im Anfang als zweischichtig beschrieben. Ueber die Entwickelung der Hühnchenepidermis spricht er nicht, aber von der Epidermbildung der Säugethiere giebt er folgende Beschreibung.

„Die Oberhaut beim Menschen besteht im ersten und im Anfange des zweiten Monats aus einer einfachen Lage sehr zierlicher, zart contourirter, polygonaler Zellen von 27—45 μ Durchmesser, mit runden Kernen von 9—13 μ und Kernkörperchen. Unter derselben zeigen sich, in einfacher zusammenhängender Schicht, kleinere Zellen von 6,8—9,0 μ mit runden Kernen von 3,0—4,5 μ als erste Andeutung der Schleimschicht".

Nach dieser Darstellung will es fast scheinen, als ob die äussere Schicht polygonaler Zellen nichts anderes als das primitive Epiblast wäre, welches während dieser zwei Monate sich sehr wenig verändert hatte.

Ferner sagt er noch, „bei etwas älteren Embryonen (von 6—7 Wochen) sind zum Theil die Verhältnisse ganz die geschilderten, zum Theil ist die äussere Zellenschicht wie im Absterben begriffen, mehr einer homogenen Membran gleich mit verwischten Zellencontouren und undeutlichen Kernen, während allem Anscheine nach, unter ihr, eine neue ähnliche Schicht, nur mit kleineren Zellen sich heranbildet".

An derjenigen Stelle, an welcher er von der Vernix caseosa spricht, sagt er, dass die polygonalen Zellen, „die im zweiten bis vierten Monate in ein fast structurloses Häutchen sich umbilden", sehr bald verschwinden — wahrscheinlich abgestossen werden.

Wenn ich Kölliker richtig verstanden habe, so ist er der Meinung, dass die Schleimschicht nur als Abkömmling der primitiven Epiblastzellen zu betrachten sei, und dass sich, nachdem diese Schleimschicht sich gebildet hat, die primitiven Zellen eben so verhalten wie die embryonalen Hornschichtzellen, die sich später entwickeln. Ganz anders ist die Schilderung, welche Grefburg (5) über die Epidermbildung gegeben hat. Obgleich die Aufgabe, die er sich stellte, nur die Haut- und Drüsenbildung bei Menschen betraf, so wurde derselbe doch aus Mangel an frühzeitigen Embryonen gezwungen, die ersten Stadien der Hautentwickelung an Hühnchen zu studiren.

Er sagt, dass bei Säugethieren das äussere Keimblatt im Anfange aus einer einzigen Zellenlage besteht, und dass, bis der Embryo eine Länge von 2 cm erreicht hat, die Epidermis eine einzige Schicht von Cylinderzellen bleibt. Beim Hühnchen jedoch tritt die erste „Vermehrung" der Zellen dieser Schicht ungefähr zur Zeit des vierten Brütungstages ein.

Wenn der Embryo ungefähr dieses Alter erreicht hat, bildet

sich auf der Oberfläche der Cylinderzellen eine aus platten „Schüppchen" bestehende Zellenlage, worüber er folgendes bemerkt: „Die kleinen Schüppchen auf der Oberfläche können nur als Abkömmlinge von den Cylinderzellen betrachtet werden." Ferner sagte er: „Diese Schüppchen zeigen sich schon frühzeitig mehr oder weniger abgehoben und bilden im Verlaufe der Entwickelung einen integrirenden Bestandtheil der Vernix caseosa."

„Es ist hier zu bemerken, dass der Abschuppungsprocess sehr frühzeitig beginnt."

Hieraus würde sich, seiner Meinung nach, ergeben, dass die Cylinderzelllage ohne Zwischenstadium sich direct in Schleimschicht verwandelt, und dass die ersten Zellen, welche abgestossen werden, von der Schleimschicht gebildet sind. Dieses ist gerade das Gegentheil von dem, was Kölliker bei Säugethieren beschrieben hat. Die auseinandergehende Meinung der beiden Beobachter veranlasste mich, nun auch meinerseits die erste Hautentwicklung bei Hühnchen zu studiren.

Das Resultat meiner Untersuchung hindert mich, dem einen oder andern der beiden Forscher zuzustimmen, da, wie ich später zu beweisen hoffe, die primitiven Epiblastzellen weder eine obenliegende Zelllage der Schleimschicht bilden, noch sich in die eigentliche Schleimschicht verwandeln, sondern sich so abtheilen, dass die Identität dieser Schicht vollkommen verloren geht.

Nach Balfour (3) besteht zur Zeit, wo das Ei abgelegt wird, das Epiblast aus einer einzigen Cylinderzellenschicht. Während des ersten Brütungstages fängt diese Schicht nicht nur an, sich auszubreiten, sondern zerfällt in eine zweizellige Schicht; weiter theilt er uns über diese Verhältnisse nichts mit. Meine Untersuchung hat mir nun gezeigt, dass diese Veränderung auf folgende Art vor sich geht.

In demjenigen Theile des Epiblasts, wo die Medularplatte sich bilden wird, tritt erst eine Zelltheilung ein, und von hier aus nach der Peripherie verbreitet sie sich ganz rasch.

Die Zellen theilen sich so ab, dass aus den Cylinderzellen zwei Schichten spindelförmiger Zellen entstehen. Fig. 8 (eine schematische Abbildung) wird diese Veränderung deutlicher veranschaulichen.

Die stärkeren Linien repräsentiren die primitiven Cylinderzellen, und die feinen schrägen Linien stellen die Richtung dar, in welcher diese Theilung sich vollzieht. In diesem Stadium hat die Fläche des Epiblasts eine Breite von 6,0—8,0 mm und eine Dicke von 0,03—0,02 mm.

In der Mitte, wo schon die Andeutung der zukünftigen Medularplatte zu erkennen ist, ist die Schicht am dicksten, aber von hier aus nach der Peripherie, wo am Anfang die Zellen mehr cuboidisch als cylindrisch sind, verdünnt sich die Zelllage. So wie die Entwickelung fortschreitet, wächst das Epiblast rasch, und dehnt sich über den Dottersack aus. Diese Ausdehnung äussert sich auch durch die Dünne der Schicht, deren Zellen etwas abgeplattet erscheinen, wie Fig. 9 zeigt.

In der Nähe der Peripherie wird diese Erscheinung noch deutlicher (Fig. 10), und an der Peripherie selbst wird die Schicht einzellig.

Mit diesem Theil stehen die in der Mitte liegenden, zur Medularplatte bestimmten Zellen in grossem Kontrast. Sie sind spindelförmig, sehr eng an einander gepresst und liegen immer mit der längeren Axe senkrecht zur Schichtfläche.

Hier müssen wir in der Schilderung inne halten, um unsere Aufmerksamkeit auf die vorher beschriebenen Eigenthümlichkeiten zu lenken, und soweit es möglich ist, dieselben zu erklären.

Kollmann (6) kam zu dem Schluss (und meiner Meinung nach hat er auch dessen Richtigkeit vollständig bewiesen), dass in der Epidermis die Form der Zellen immer von dem Druck, resp. dem Zuge, dem dieselben unterworfen sind, hervorgebracht wird. Um seinen Schluss zu erläutern, führte er ein Beispiel der Wirkung des Druckes an, welches, da es Prinzipien enthält, auf die in dieser Arbeit sehr häufig Bezug genommen werden muss, ich mir wörtlich zu citiren erlaube.

„Das obere Keimblatt besteht zur Zeit und in der Gegend der Primitivstreifenbildung aus verlängerten, eng an einander gepressten, mit ihren Längsaxen senkrecht gestellten Pyramidenzellen. Längs des in der Anlage begriffenen Primitivstreifens nun tritt ein von dem genannten Keimblatt ausgehender, das Gebiet der Primtivrinne einnehmender und sie überschreitenden Zellenerguss in der Tiefe auf, welcher dem mittleren Keimblatt ganz oder vielleicht nur theilweise den Ursprung giebt. Es ist nun interessant, die Formen der unter raschen Theilungen aus dem Verband mit dem oberen Keimblatt gelösten, in ihrem gegenseitigen

Zusammenhang gelockerten Elemente des Zellenergusses mit jenem
des oberen Keimblattes zu vergleichen. Statt pyramidenförmiger
Elemente begegnen wir nunmehr sehr verschiedenen Zellen-
formen. -
„Dieselben sind spindelförmig, rundlich, multipolar u. s. w.
weit entfernt davon, eine epitheliale Membran darzustellen, wie
ihre Ursprungsstätte sie uns zeigt. Die Zellen des Ergusses treten
erst später wieder, und nachdem sie sich über weite Strecken
ausgebreitet haben, zur Bildung epithelialer Membranen zusammen."

„Nunmehr nehmen sie auch wieder Formen an, welche den
Zellen ihrer Ursprungsstätte ähnlich sind. Mit andern Worten:
Aus einem Verbande befreit, in welchem die einzelnen Zellen
einem hauptsächlich in querer Richtung wirksamen Seitendruck
unterworfen waren, nehmen sie, sich selbst überlassen, andere
Formen an. Einem erneuerten, in derselben Richtung wirkenden
Seitendruck ausgesetzt, tragen sie sofort die Spuren desselben an
sich und kehren zu ähnlichen Formen zurück, von welchen sie
ausgingen." Nun finden wir, dass in dem Epiblast ganz ähnlich
die Wirkung eines solchen Druckes zu erkennen ist. Wenn wir
einen Blick auf den Querschnitt werfen, welcher von dem zuletzt
beschriebenen Stadium genommen ist, so finden wir, dass die in
der Mitte liegenden Zellen starke Spuren eines Seitendruckes zeigen.
An dieser Stelle sind die Zellen spindelförmig und liegen mit
ihren längeren Axen immer senkrecht zur Oberfläche; aber von
hier nach der Peripherie werden sie breiter und immer breiter,
und endlich stehen die Längsaxen der Zellen mit der Schichtfläche
parallel.

Betrachtet man die Umstände näher, unter denen das Epiblast
sich entwickelt hat, so erklärt sich die Ursache dieser Eigenthümlichkeiten.

Hier an der Medianlinie, wo das zukünftige Medularrohr sich
bilden wird, ist die Entwicklung weiter vorgeschritten, und die
Activität der Zellen viel grösser, als in andern Theilen des Blasto-
derms. An dieser Stelle vermehren sich die Zellen auch rascher.

Demzufolge ist der Seitendruck, dem die Zellen unterworfen
sind, natürlich auch grösser als anderswo. Je weiter man sich von
der Medianlinie nach der Peripherie hin entfernt, desto weniger
Activität zeigen die Zellen und desto weniger Seitendruck macht

sich bemerkbar. Wie schon erwähnt worden ist, wächst das Epiblast ganz rasch über den Dottersack hinweg. Obgleich es offenbar ist, dass die der Peripherie näher liegenden Zellen von denjenigen, die nicht soweit von der Medianlinie entfernt sind, durch Zellentheilung hinweggeschoben werden, so zeigen sie in ihrer Form doch keine Spur von Seitendruck; im Gegentheil sind sie in der Regel fast abgeplattet.

Wenn irgend etwas die Zellen am Herausrücken nach der Peripherie hinderte, so würde sich ihre längliche Gestalt in eine cuboidische verwandeln. Bald tritt ein neuer, bei der Erörterung dieses Gegenstandes zu berücksichtigender Factor ein, die Wucherung des Mesoderms nämlich. (Da der Gegenstand, den wir in diesem Theil der Arbeit behandeln wollen, nur die Bildung der Epidermis aus dem Epiblast betrifft, so werden wir uns mit anderen Verhältnissen des Embryos nur in soweit beschäftigen, wie dieselben einen directen Einfluss auf die Epidermbildung ausüben.)

Der Einfluss dieser Factoren lässt sich alsbald erkennen. Das Mesoderm, das sich zwischen dem Epiblast und Hypoblast ausbreitet, drückt erstens nach oben und dehnt sich um so mehr aus, je mehr dasselbe durch den Unterdruck gehoben wird.

Mit anderen Worten, der Seitendruck wird von dem durch Wucherung des Mesoderms veranlassten Unterdruck aufgehoben. Bald erheben sich die Rückenwülste und das Medularrohr schliesst sich. Da der übrige Theil des Epiblasts, der nicht in das Medularrohr eingeschlossen wird, nur zur Epidermbildung bestimmt ist, so dürfen wir ihn von jetzt an Epiderm nennen, obgleich im eigentlichen Sinne des Wortes eine Epidermis nicht eher entwickelt ist, bis sich Schleim- und Hornschicht gebildet haben. In einem älteren Stadium, wenn sich die Urwirbel angelegt haben, hat die Epidermis eine sehr unregelmässige Dicke.

Grade über dem Medularrohr ist dieselbe selten mehr als zweizellig, gewöhnlich findet man nur eine einzige Zellschicht. Die Zellen derselben sind immer eng aneinander gepresst, und in ihrer Gestalt den Hornzellen ähnlich; da sie jedoch immer einen protoplasmatischen Inhalt und sehr deutliche Kerne zeigen, darf man denselben im Gegensatz zu den späteren Hornzellen eine grössere Lebensfähigkeit vindiciren.

Es ist offenbar, dass die Aehnlichkeit nur die Gestalt betrifft.

Die Kerne sind entweder rund oder strecken sich in der Richtung der längeren Axe.

Oft sind auch in einer Zelle zwei Kerne wahrnehmbar, die dann immer der Art gelagert sind, dass scheinbar damit eine Zelltheilung senkrecht zur Schichtfläche angedeutet wird. Es ist offenbar, dass eine solche Theilung nicht die Dicke, sondern nur die Fläche der Epidermis vergrössern würde.

Der Theil dieser Schicht, der den Raum zwischen Urwirbel und Medularrohr bedeckt, contrastirt sehr scharf gegen den das Medullarrohr selbst bedeckenden Theil, indem derselbe oftmals drei bis fünf Zellen dick ist. Nicht selten sind die äussersten, ebensowohl wie die untersten Zellen etwas abgeplattet, aber zwischen ihnen sind die Zellen gewöhnlich rund; auch muss hinzugefügt werden, dass oftmals viel Zwischensubstanz vorhanden ist.

Es ist höchst merkwürdig, dass diese Zellen hier viel grössere Kerne haben, als in dem das Medularrohr bedeckenden Theil der Epidermis, auch öfter erkennen lassen, dass sie im Begriff sind, sich zu theilen. Diese Zelltheilung aber vergrössert nicht nur die Epidermfläche, sondern auch die Dicke der Schicht; demnach theilen sich die Zellen nicht nur parallel der Epidermfläche, sondern auch senkrecht zu derselben. Der über dem Urwirbel gelegene Theil dieser Schicht besitzt eine Beschaffenheit, die dem Theile, welcher das Medularrohr bedeckt, einigermaassen ähnlich, in der Regel aber etwas dicker ist. Noch dicker wird die Schicht in der Nähe der Peripherie; doch lassen sich die Zellen hier sowohl nach Gestalt als nach Lage ihrer Kerne mit denjenigen vergleichen, welche den Raum zwischen dem Medularrohr und dem Urwirbel einnehmen.

Von hier aus zu der Stelle auf dem Dottersack, wo die Epidermis nur aus einer einzigen Zelllage besteht, verdünnt sie sich allmählich. Etwas näher nach dem Urwirbel hin, als wo der einzellige Theil der Epidermis liegt, besteht sie aus zwei abgeplatteten, eng aneinander gepressten Zelllagen. Die meisten dieser Zellen theilen sich so ab, dass die Schichtfläche dadurch vergrössert wird und die von dem Medularrohr entfernter liegenden Zellen immer weiter über den Dottersack hinweggeschoben werden.

Es kommt sehr häufig vor, dass in der Gegend, wo die zwei zusammenhängenden Zelllagen sich zu einer einzelligen Schicht verdünnen, eine einzige Zelle sich so theilt, dass eine darunterliegende Zelle gebildet wird, wesshalb die Stelle, wo die Epidermis anfängt einzellig zu werden, schwer mit Genanigkeit zu bestimmen ist. Diese Erscheinung hat folgenden Grund: Wenn die vis inertiae der gesammten über dem Dottersack liegenden Zellen zu gross ist, um durch den die Zellentheilung veranlassten Druck überwunden zu werden, dann theilen sich die Zellen parallel mit der Schichtfläche anstatt senkrecht zu derselben. An dieser Stelle scheint es dann, als ob die untere Zellenlage sich von der oberen her bilde, genau wie Kölliker die Schleimschichtbildung beim Menschen beschrieben hat; doch entwickelt sich, wie wir schon kennen gelernt haben, die Epidermalschicht in der Nähe des Medularrohrs auf dem Rücken in einer ganz andern Weise. Wenn sich eine Zellschicht in zwei Zelllagen abspaltet, so ist es, meiner Meinung nach, fast unmöglich zu unterscheiden, ob die obere oder die untere Zelllage als Abkömmling betrachtet werden kann.

In Wahrheit sind vielmehr beide Zelllagen nur als gleichwerthige Abkömmlinge der primitiven Schicht zu betrachten.

Nicht selten kommt es vor, dass in der Epidermis Lückenräume von ansehnlicher Grösse wahrzunehmen sind, die bloss von freien protoplasmischen Fäden überspannt sind, welche die gegenüber liegenden Zellenlagen verbinden. Da diese Erscheinung jedoch nur bisweilen auftritt, so darf sie nicht als eine normale Eigenthümlichkeit betrachtet werden, sondern als ein Kunstproduct, veranlasst durch Zerrung oder Zerstörung der Zellen während der Herstellung der Schnitte.

Wenn durch Reagentien oder durch den Schneideprocess die Zellwände durchbrochen sind, dann erscheint es nicht auffallend, dass der Zellinhalt herausfällt und demzufolge dann die Zwischensubstanz und ein Theil der Zellwände erkennbar bleiben.

Die Ursache der ungleichen Dicke der Epidermis ist leicht zu begreifen; sie hängt von dem ungleichen Wachsthum der darunterliegenden Organe ab. So wie sich das Medullarrohr vergrössert, drückt es gegen die darüberliegende Schicht. Dieser Druck verursacht nicht nur das Abplatten der daselbst befindlichen Zellen, es ist auch möglich, dass diese dadurch verhindert werden so viel Nahrung zu erhalten als diejenigen, welche einer solchen Veränderung nicht unterworfen sind. Da der Theil der Mesoderms, welcher zwischen dem Medullarrohr und den Urwirbeln liegt, sich noch nicht zu bestimmten Organen entwickelt hat und überhaupt einstweilen wenig fortgeschritten ist, so veranlasst derselbe auch keine solche Druckwirkung. Die Urwirbel verhalten sich genau wie das Medularrohr, und in derselben Weise verursachen sie auch durch Pressung von unten die Dünne der darüberliegenden Epidermis. Von dem Urwirbel aus nach der Peripherie herrschen ungefähr dieselben Zustände wie zwischen Urwirbel und Medularrohr, und deshalb ist die darüberliegende Epidermis ziemlich dick und zeigt keine Spur von Unterdruck. In einem etwas älteren Stadium kann man erkennen, dass in Folge der Entwicklung der zwischen dem Urwirbel und Medullarrohr liegenden Theile des Embryos diese Organe nicht mehr aus der Kontourlinie herausragen; dadurch verschwindet der ungleiche Druck auf die Epidermis und folglich erhält dieselbe wieder ihre regelmässige Dicke.

Bisher schien die Epidermis im Verhältniss zu dem Embryo sehr rasch zu wachsen, jetzt aber tritt das Gegentheil ein: sehr bald zwingt das Wachsthum innerhalb des Embryos die Epidermis, sich auszudehnen, bis sie an den meisten Theilen des Körpers zweizellig wird, ja oftmals nur zu einer einzelligen Schicht reducirt ist.

Wie vorher erwähnt worden ist, zeigt das Epiblast während des ersten Brütungstages eine Dicke von 0,03—0,02 mm. Auf einem spätern Stadium hat es am Rücken eine Dicke von 0,08—0,093 mm erreicht, wird aber durch das rasche Wachsthum des Embryos bald auf 0,01 mm reducirt. Es ist zu bemerken, dass diese Beschreibung sich nicht auf den Theil bezieht, welcher sich über den Dottersack ausbreitet. An dieser Stelle besteht die Epidermis nur aus einer einzigen Zelllage. Nicht an allen Theilen des Embryos macht die Entwickelung der Epidermis gleiche Fortschritte, sondern sie bildet sich an den Theilen, wo die allgemeine Entwickelung am weitesten ist, rascher aus. Wenn sie z. B. an dem Rücken aus zwei Zellenlagen besteht, welche offenbar der Schleim- und Hornschicht entsprechen, dann besteht sie auf der Bauchfläche nahe dem Dottersack nur aus einer einzigen Zelllage.

An dieser Stelle zerfällt sie erst später, nachdem der Dottersack in die Bauchhöhle eingeschlossen ist, in zwei Zellenschichten. Auf dem Rücken, wo die Epidermis schon zwei Zellen mächtig ist, bestehen zuerst die beiden Zelllagen aus abgeplatteten Zellen, vielfach mit Andeutung ihrer Theilung. Bald jedoch vermehren sich die unteren Zellen rascher als der Embryo wächst, und in

Folge dessen werden dieselben erst rund, später cuboidisch. Wenn wir berücksichtigen, dass die Zellen der Hornlage in diesem Stadium sehr wenig von der Cutis entfernt sind und durch den Liquor Amnii immer feucht gehalten werden, dann erscheint es nicht eben auffallend, dass dieselbe beständig, wenn auch in geringerem Grad als die Schleimschicht, theilungsfähig bleibt.

Da die Entwickelung des Kopfes viel gleichmässiger vor sich geht als die Entwickelung des übrigen Körpers, so zeigt die Epidermis hier auch nirgends eine so ungleiche Dicke wie an dem Rumpf.

Auf dem Kopf besteht die Epidermis am zweiten oder dritten Brütungstage aus einer einzigen Schicht von etwas abgeplatteten oder runden Zellen. Während dieselbe wächst, vermehren sich allerdings auch die Epidermzellen, aber es bleibt eine längere Zeit hier auch nur eine einzige Zelllage. Später, wenn das Anfangs so rapide Wachsthum des Kopfes nachlässt, werden die Zellen enger aneinander gepresst und theilen sich der Art, dass die Schicht zwei Zelllagen mächtig wird. Diese Zelltheilung vollzieht sich aber so, dass es auch hier unmöglich ist zu bestimmen, ob die unteren Zellen als Abkömmlinge der oberen zu betrachten sind oder umgekehrt.

Da die Theile des Embryos, welche den Kopf, die Glieder u. s. w. bilden, gleich Anfangs vom Epiderm (oder Epiblast) bekleidet sind, so ist es nicht auffallend, dass in diesen Theilen die Epidermbildung anders vor sich geht, als auf dem Dottersack, über welchen die Zellen hinweggeschoben werden.

Es ist möglich, dass während der früheren Entwickelungsstadien die äusserste Zelllage abgestossen wird, aber ich halte es für unwahrscheinlich, dass lebendige Zellen, die mit Protoplasma gefüllt sind, verloren gehen. Ich habe zwar nach dem Beweis einer solchen Abschuppung gesucht, ohne dass es mir indessen gelungen wäre, denselben zu finden.

Am vierten oder fünften Brütungstage ist die Epidermis auf den meisten Theilen des Körpers schon zweischichtig geworden, und zu einer Dicke von ungefähr 0,01 mm herangewachsen. Die untere Zelllage oder Schleimschicht besteht aus runden oder cuboidischen, die Hornlage aber aus sehr kleinen, abgeplatteten Zellen. Nur auf den Kiefern verhält es sich anders; hier finden wir die Epidermis 0,03 mm dick und mit einer Schleimschicht bedeckt,

welche aus eng aneinander gedrückten Cylinderzellen besteht.
Nach aussen von diesen Cylinderzellen sehen wir zwei oder drei
Reihen von kleinen runden Zellen, welche aus der Schleimschicht
entstanden sind; sonst ist die ganze Schicht, wie auf den übrigen
Theilen des Körpers, mit abgeplatteten Zellen bekleidet.
Wenn wir diese Bildung mit der Epidermis auf dem Kopf,
Rücken u. s. w. vergleichen, dann finden wir eine schöne Erläu-
terung des Princips, welches in der cylindrischen Form der Zellen
sich ausspricht.

Das Wachsthum des Körpers nämlich ist eben so gross, wie
die Theilungsactivität der Schleimschichtzellen. In dem Maasse
wie die Fläche, die von Epidermis bekleidet werden soll, sich
vergrössert, theilen sich auch die Schleimschichtzellen auf der
Oberfläche senkrecht, und dadurch vergrössert sich die Epidermfläche in demselben Verhältniss, wie die Cutisfläche. Auf den
Kiefern aber übertrifft die Zelltheilungsactivität das Wachsthum
der Unterlagen, und deshalb finden wir die Zellen gerade hier
nicht blos eng aneinander gepresst und cylindrisch oder gar spindelförmig, sondern auch in mehrfachen Schichten über einander
gelagert. Nirgends habe ich eine mehrere Zelllagen mächtige
Hornschicht gefunden, ohne dass die Schleimschicht deutliche
Spuren von Seitendruck gezeigt hätte.

Ehe wir in unserer Beschreibung weiter gehen, müssen wir uns
über den Namen verständigen, mit welchem die äusserste Schicht der
Epidermis zu bezeichnen ist. Kerbert (1) machte einen Einwand
gegen den Namen „Hornschicht“, welchen man ihr in diesem Stadium zu geben pflegt.

Er behauptet, dass der Name „Hornschicht“, oder „Hornlage“
nur für diejenige Schicht benutzt werden könnte, welche zum
eigentlichen Stratum corneum wird, und da jene äusserste Schicht
nie verhornt, sondern entweder die Hornschicht Zeitlebens bekleidet oder abgestossen wird, so sollte man einen andern Namen
für sie anwenden.

In Bezug hierauf sagt er: „Da nun bei allen Wirbelthieren
die Epidermis im Anfang zweischichtig ist, und die oberflächliche
Schicht vor oder nach der Geburt abgestossen wird, entweder
stellenweise und allmählich oder als eine zusammenhängende
„Hülle“, so habe ich vorgeschlagen, sie als Epitrichialschicht zu

bezeichnen, weil sie vollständig homolog ist mit derjenigen Zellen-schicht, welche von Welcker Epitrichium genannt worden ist". Kölliker (4) erkannte an, dass derjenige Theil der Epider-mis, welcher bei dem menschlichen Embryo abgeworfen wird, dem Epitrichium homolog sei. Er sagt, dass die „polygonalen Zellen", die existiren, ehe die Schleimschicht gebildet worden ist, unge-fähr am Anfange des dritten Monats verloren gehen. Während des späteren Embryonallebens werden die äusseren Epidermalzellen mehr allmählich abgelöst, und im Laufe der Zeit bilden sie die sogenannte Vernix caseosa. Von früheren Beobachtern wurde diese Vernix caseosa für ein Product der Talgdrüsen gehalten, spätere chemische und mikroskopische Untersuchungen aber haben bewiesen, dass sie aus abgelösten Epidermalzellen besteht.

In der späteren Ausgabe seines Werkes nimmt Kölliker an, dass es nicht nachgewiesen sei, dass zwischen der äussersten Schicht (Epitrichium) und den nächstfolgenden Hornschichtlagen ein grösserer Unterschied bestehe, und deshalb meinte er auch, dass kein Grund vorhanden sei, die primitive Hornschicht in einen Gegensatz zur späteren Hornschicht zu bringen. Denjenigen gegenüber, die die äusserste Schicht schlechtweg als ein beson-deres, von den darunter liegenden Zellen verschiedene Gebilde in Anspruch nehmen, hat Kölliker, meiner Meinung nach Recht, indessen hoffe ich zu beweisen, dass aus der Schleimschicht bei den Hühnchen und den Säugethierembryonen, an denjenigen Thei-len, die ein eigentliches Horn bilden, eine Zelllage sich entwickelt, welche das Stratum corneum bekleidet und eine ganz specifische Beschaffenheit besitzt. Bevor jedoch die histologische Differenz zwischen diesen äusseren Epidermalzellen (dem Epitrichium) und dem eigentlichen Horn auftritt, glaube ich den die ganze Schleim-schicht bedeckenden Theil der Epidermis als „Hornschicht" bezeich-nen zu dürfen.

Una (7) theilt uns mit, dass bei dem menschlichen Embryo der Nagel mit einer unverhornten Zellenschicht bedeckt ist. Da auf den übrigen Theilen des Körpers diese Schicht abgestossen ist, und nur auf dem Nagel eine „Horndecke" bildet, schlug er vor, sie „Eponychium", anstatt „Epitrichium" zu nennen. Weil diese Schicht jedoch bei vielen Thieren das Horn umhüllt und weil sie auch zuerst unter dem Namen „Epitrichium" beschrieben wurde, so halte ich den älteren Namen für den geeigneteren. Dass der Theil dieser Schicht, der den Nagel bedeckt, mit „Eponchium" und der Theil, welcher das Haar umhüllt, mit „Epitrichium" bezeichnet werden soll, scheint mir unpassend, und deshalb erlaube ich mir, den Namen Epitrichium für beide Schichtentheile beizubehalten.

Kerbert definirte das Epitrichium mit fogenden Worten: „Ich verstehe also unter „Epitrichialschicht" diejenige oberflächliche embryonale Schicht der Epidermis, welche entweder allmählich und theilweise vor oder nach der Geburt des Thieres verloren geht (Säugethiere, Vögel), oder welche mit der eigentlichen Hornschicht verwächst und im Zusammenhang mit dieser Hornschicht nach der Geburt bei der ersten Häutung abgeworfen wird (Reptilien und Amphibien)."

In seiner Beschreibung ist er aber gar nicht klar. In dem Stadium, wo die Epidermis (bei Tropidonotus natrix) aus zwei Zelllagen besteht, bezeichnet er die äusserste aus abgeplatteten Zellen bestehende Schicht als Epitrichium und sagt, „sie (die Schicht) vergrössert sich zwar in demselben Verhältniss wie der Embryo, bleibt aber meistens eine einfache Zellenschicht". Die nächstfolgende, direct auf dem Stratum corneum gelegene Schicht nennt er „Körnerschicht" und obgleich er sagt, dass dieselbe (beim Hühnchen) im Zusammenhang mit dem Epitrichium abgestossen werde, so hat er diese „Körnerschicht" doch niemals als einen Theil des Epitrichiums beschrieben. Es scheint, als ob er seine eigene Definition vergessen hätte, in welche er die ganze Embryonalschicht der Epidermis, „welche entweder allmählich und theilweise vor oder nach der Geburt des Thieres verloren geht (Säugethiere, Vögel)" einschliesst.

Beim Studium der Reptilienschuppen entdeckte er, dass das, was man als „cuticula" zu betrachten pflegte, in der That aus zusammengepressten Zellen bestehe; zwischen diesen und der Hornschicht beschrieb er eine Lage von Zellen, die sich durch einen fein- oder grobkörnigen Inhalt charakterisiren, dieselbe Schicht, welche schon Leydig (8) untersucht und als „Körnerschicht" bezeichnet hatte. Eine nähere Untersuchung zeigte ihm, dass die bei dem ausgewachsenen Thiere vor der Häutung unter der alten Haut liegende neue Hornschicht auch ein solches Epitrichium und eine Körnerschicht besitzt. Mit andern Worten, er fand, dass, wenn sich bei dem ausgewachsenen Thiere eine neue Hornschicht bildet, diese immer von einem neuen Epitrichium und einer neuen Körnerschicht bekleidet ist, welche wie erstere direkt aus der Schleimschicht entstanden sind.

Dabei scheint Kerbert freilich vergessen zu haben, dass seine Definition des Epitrichiums sich nur auf den Embryo bezieht, da er von dessenExistenz bei ausgewachsenen Thieren nichts erwähnt.

Bei Untersuchung der Schuppenentwicklung des Hühnchens erkannte er zwei über dem Stratum corneum liegende Zelllagen, die er als Homologa des Epitrichiums und der Körnerschicht bei Reptilien betrachtete.

Obgleich ich keine Gelegenheit gehabt habe, die Schuppen-entwickelung bei Reptilien zu studiren, so habe ich doch diese Horngebilde bei Hühnchen untersucht und muss bekennen, dass ich keinen Grund zu einer derartigen Unterscheidung finden kann, da die Beschaffenheit des Epitrichiums und der Körnerschicht, wie wir später kennen lernen werden, fast identisch ist. Deshalb werde ich mir erlauben, den ganzen das Stratum Corneum be-deckenden Theil der Epidermis unter dem Namen Epitrichium zu beschreiben.

Meiner Meinung nach ist zwischen meinem Epitrichium und Kerberts Körnerschicht kein anderer Unterschied, wie zwischen den alleräussersten Zellen der eigentlichen Hornschicht und den-jenigen, welche der Schleimschicht näher liegen.

In Bezug auf das Wachsthum des Epitrichiums sagt Ker-bert, dass die Schicht sich in demselben Verhältniss vergrössere, wie der Embryo, dabei aber meistens eine einfache Zellenschicht bleibe.

Ob die Schicht sich durch Zelltheilung vergrössert, oder ob die Zellen der Körnerschicht empor geschoben werden und sich mit dem Epitrichium vereinigen, hat er uns leider nicht mitgetheilt; da er aber nie auf die Zelltheilung hingewiesen hat, so scheint er anzunehmen, dass die Zellen der Körner-schicht sich an dem Aufbau des darüber liegenden Epitrichiums betheiligen.

Jeffries (2) beschrieb das Epitrichium von der Haut des Hühnchens ebensowohl, wie von den Stellen, an denen sich später eigentliches Horn bildet.

Er folgte darin Kerbert, und nannte nur die alleräussersten Zelllagen Epitrichium, dagegen betrachtete er die zwischen dem

Horn und dem Epitrichium liegenden Zellen als eine davon verschiedene Schicht, die er mit Kerbert Körnerschicht nannte und
wie dieser, aus der Schleimschicht entstehen liess. In Bezug auf
das Epitrichium theilt er uns mit:

„In embryos it forms from the one layered epiblast in the
first stages of growth, or both mucous and epitrichial layers are
formed together. Balfour considered the first as the primitive
method and with this opinion we must agree. Accordnigly the
epitrichial layer is to be regarded as a layer transmitted from
some of the early ancestors of the vertebrates and second only to
the mucous layer".

Er glaubte, dass die aus der Schleimschicht entstehenden
Zellen nicht zu dem Aufbau dieser Schicht beitrugen, vermuthete
vielmehr, dass sich die Schicht durch Zellentheilung vergrössere - -
aber immer einzellig bleibe.

Für diese Theorie giebt er folgende Gründe an: „The cells
of this layer sum to undergo division, though dividing cells have
not been noted.

„My reasons for supposing this are, first that at a later period
of growth the cells form a compact layer; second, that two nu-
cleoli are present".

Während des vierten oder fünften Brütungstages habe auch
ich zwei Kernkörperchen, und oftmals sogar zwei Kerne in einer
Zelle erblickt, ein Umstand, der es mir wahrscheinlich-macht,
dass das Epitrichium in diesem Stadium, in dem es direct auf der
Schleimschicht liegt, sich genau in derselben Weise ernährt wie
die Schleimschicht, so dass eine Zelltheilung nicht auffallend ist.
Sobald die nächstfolgenden Schichten gebildet sind, werden diese
Epitrichialzellen weit von der Schleimschicht weggeschoben, weshalb denn auch die äussersten Zellen bei den älteren Embryonen
nicht so lebendig aussehen, wie vorher, als sie tiefer lagen. Mir
scheint es indessen höchst unwahrscheinlich, dass die Annahme
einer Zelltheilung, die übrigens weder von Jeffries noch von
Kerbert beobachtet ist, genügt, um die Vergrösserung dieser
Schicht zu erklären.

Wenn wir die Grösse des fünf Tage alten Embryo mit der
Grösse desselben am zwanzigsten Brütungstage vergleichen, dann
ist von vorn herein ersichtlich, dass entweder die Zelltheilung
sehr häufig stattgefunden hat, oder dass die Zellen eine ungeheure

Grösse erreicht haben müssen. Jeffries hat die Grösse der Zellen nicht direkt gemessen; allein er giebt Camera-Zeichnungen der verschiedenen Stadien und diese beweisen, dass am zwanzigsten Brütungstage die Epitrichialzellen ungefähr zweimal so gross sind als am fünften Tage, so wie weiter, dass die Räume zwischen den Zellen verschwunden sind. Da es nun sicher ist, dass sich die Epidermalfläche während dieser Zeit bedeutend mehr als zweimal vergrössert hat, so scheint mir, dass seine Erklärung nicht nur unvollkommen, sondern geradezu unrichtig ist. Meiner Meinung nach sind die äussersten abgeplatteten Zellen, die gebildet werden, wenn die primitiven Epiblastzellen in zwei Schichten zerfallen, den späteren aus der Schleimschicht entstandenen Zellen vollständig gleich, und es ist eben so wenig ein Unterschied zwischen diesen zwei Zelllagen, wie zwischen den aus der Schleimschicht entstandenen Zellen, die sich am fünften und zehnten Brütungstage gebildet haben.

Durch meine Untersuchung bin ich zu dem Schluss gekommen, dass durch die Wucherung des Embryos die äussersten Zellen weit auseinander gedrängt sind, und dass die darunter liegenden, von der Schleimschicht gebildeten Zellen in die Zwischenräume eingeschoben werden.

Wie ich später zu beweisen hoffe, ist das Epitrichium nichts anderes als ein Theil der Epidermis, der entstanden ist, ehe der Embryo reif genug ist, eine eigentliche Hornschicht zu bilden. Ja noch mehr, in einem bestimmten Entwickelungsstadium ist es geradezu unmöglich, zu unterscheiden, ob die aus der Schleimschicht entstandenen Zellen sich in Hornzellen verwandeln, oder ob sie unverhornt bleiben und die Hornschicht bekleiden werden. Aus diesen Gründen halte ich es für unnöthig, den auf der Schleimschicht liegenden Theil der Epidermis als Horn- und Epitrichialschicht zu unterscheiden, ehe zwischen denselben eine deutliche Grenze zu erkennen ist.

Deshalb erlaube ich mir, den ganzen die Schleimschicht bedeckenden Theil so lange als Hornschicht zu bezeichnen, bis ein histologischer Unterschied zwischen der eigentlichen Hornschicht und dem Theil, welcher das Horn umhüllen wird, aufgetreten ist.

Kehren wir jetzt zu der Betrachtung der Entwickelungsgeschichte zurück.

Wie vorher beschrieben ist, sind auf den Kiefern die Schleimschichtzellen weiter vorgeschritten als auf dem Rücken, Kopf
u. s. w., und haben auch eine dickere Hornschicht gebildet.
Weiter finden wir, dass innerhalb der Mundhöhle die Epidermis dicker ist als auf dem Kopf, obgleich ihr die Stärke
abgeht, welche sie auf der äusseren Seite der Kiefer hat.
Wenn wir eine Erklärung für diese Erscheinung suchen
wollen, so finden wir zwar Umstände, auf welche wir dieselbe
zurückführen können. Zunächst ist in dieser Beziehung zu bemerken, dass sich die Schleimschichtzellen beim Hühnchen auf den Theilen
des Körpers, an denen sich ein eigentliches Horn bilden wird,
rascher entwickeln und früher eine dicke Hornschicht bilden, als
auf denjenigen Theilen, an denen das Stratum corneum nie eine
besondere Stärke erreichen wird. Dieselbe Erscheinung ist auch
bei Anlage des Wiederkäuerhufes wahrzunehmen. Dazu kommt
dann weiter, dass auch das Wachsthum der einzelnen Körper-
theile auf die Entwicklung der Schleimschicht von Einfluss ist.
Auf dem uns hier interessirenden Stadium hat der Kopf einigermaassen schon seine zukünftige Gestalt erreicht, während die Kiefer sich erst als kleine Erhebungen zeigen, die aus dem Kopf
herausragen. Durch das raschere Wachsthum des Kopfes ist die
Epidermis desselben ausgedehnt worden, aber auf den Kiefern
wächst dieselbe im Verhältniss schneller als das darunterliegende
Mesoderm, so dass sie sich verdickt.

Ein ähnliches Verhältniss ist auch an dem Kopf bei Rinds-
embryonen wahrnehmbar. Auf der Stirn und auch den Seiten des
Kopfes besteht die Schleimschicht hier aus cuboidischen Zellen,
die einen Durchmesser von ungefähr 0,002 mm haben. Dieser
Theil der Schicht ist von einer Hornschicht bekleidet, welche
ungefähr die gleiche Dicke zeigt. Anders aber auf dem vorderen
Theile der Kiefern, an denen die Epidermis eine bedeutende Dicke
erreicht hat. Auf der Spitze derselben ist die Schleimschicht
0,03 mm dick und aus schönen cylindrischen oder spindelförmigen
Zellen gebildet, während die Hornschicht die beträchtliche Dicke
von 0,28 mm erreicht hat.

Hier, wo die Folgen des Seitendruckes auf den ersten Blick
zu erkennen sind, wird die Schleimschicht eingebogen. Es bildet
sich die erste Andeutung der Lippenfurche; ein Vorgang, der

genau wie bei dem Hühnchen durch die ungleiche Wucherung der darunter liegenden Theile bedingt ist.

In diesem Stadium ist der Durchmesser des Kopfes im Verhältniss zu der Länge von ansehnlicher Grösse. Wenn man einen älteren Embryo untersucht, dann findet man, dass sich die Epidermis verdickt, sobald das Wachsthum des Kopfes zurückbleibt, wie sie andrerseits sich ausdehnt, sobald der Kopf sich verlängert.

Doch zurück zu den Entwickelungserscheinungen beim Hühnchen. Im Verlauf des fünften Brütungstages tritt auf der Fläche des Oberkiefers eine sehr bemerkenswerthe Eigenthümlichkeit auf. Ein Längsschnitt durch den Kiefer zeigt nämlich an der unteren Fläche der Epidermis vier oder fünf runde Anschwellungen (Fig. 11), die augenscheinlich durch die Thätigkeit einiger Scheinschichtzellen hervorgerufen sind.

Es ist mir freilich unmöglich, zu erklären, warum einige Zellen schneller wachsen, und mehr Activität zeigen, als andere, die genau von denselben Umständen abhängig zu sein scheinen, allein die Annahme einer solchen, local gesteigerten Zellenactivität, ist nothwendig, die Erscheinung zu erklären. Obgleich etwas grösser, sehen diese Anschwellungen den ersten Anlagen von Drüsen ähnlich, und gerade wie diese drängen sie sich in die Cutis hinein.

In diesem Stadium ist die Cutis überhaupt sehr wenig in ihrer Entwicklung fortgeschritten und wahrscheinlich viel weicher als die Hornschicht, so dass ein geringeres Kraftmaass genügt, die Cutis einzudrücken, als nöthig ist, die Last der Hornschicht zu überwinden und dieselbe zu heben.

Eine sorgsame Untersuchung beweist, dass diese Vertiefungen runde cryptenähnliche Gebilde sind, die nicht in einer geraden durch die Längsaxe gezogenen Linie liegen, sondern unregelmässig zerstreut sind. Allmählich aber gewinnen auch die andern Schleimschichtzellen eine stärkere Activität, so dass später die ganze Schicht eine gleichmässige Dicke zeigt.

Es ist übrigens zu bemerken, dass dieser Vorgang nur kurze Zeit in Anspruch nimmt. Obgleich ich viele Embryonen auf diesem Stadium untersucht habe, ist es mir doch nur zwei oder drei Mal gelungen, diese Vertiefung zu beobachten.

Während die Entwickelung fortschreitet, hat sich in der

Hornschicht mehr oder weniger Zwischensubstanz gebildet. Ebenso entsteht im Laufe des sechsten oder siebenten Brütungstages in der Mitte der Hornschicht auf dem oberen Kiefer das erste eigentliche Horn, so dass wir von nun an diese Schicht in Epitrichium und Hornschicht theilen müssen.

In Fig. 16 ist ein Stück eines Längsschnittes durch den oberen Kiefer abgebildet. Die auf der Cutis liegende Schleimschicht (s) besteht aus Cylinderzellen. Die darüber liegenden Zellen sind rund mit deutlichen Kernen und erscheinen in einem mit Picrocarmin behandelten Schnitt roth gefärbt. Von hier aus nach dem eigentlichen Horn hin (h) werden die Zellen allmählich abgeplattet und der Art verändert, dass sich nur noch die Kerne roth färben, während die Zellenwände eine gelbe Farbe annehmen. Die Hornzellen sind eng an einander gedrückt ohne deutliche Kerne und schön gelb gefärbt.

Obgleich das Horn in dem Embryo nie eine solche Festigkeit wie in dem ausgewachsenen Thiere erreicht, ist doch die Beschaffenheit im übrigen ungefähr dieselbe. Die Hornschicht grenzt sich scharf gegen das Epitrichium (e) ab, da die Zellen des letzteren rund, oder polygonal, und roth gefärbt sind. Sie zeigen auch einen granulirten Inhalt und das eben ist der Grund, weshalb Kerbert dieser Schicht den Namen „Körnerschicht" beigelegt hat, da er glaubte, dass sie der Schicht entspräche, welche von Leydig (8) bei den Reptilien „Körnerschicht" genannt worden ist.

Hierbei mag bemerkt sein, dass Leydig, der diese Zellen untersuchte, die Körnchen für eine Fettsubstanz hielt. Kerbert suchte bei Reptilien ebensowohl als bei Hühnchen diese Fettsubstanz nachzuweisen, aber ohne glücklichen Erfolg. Ich habe frische Hühnerembryonen mit Aether und Terpentin behandelt, aber es ist mir eben so wenig gelungen, Fett nachzuweisen.

Es ist merkwürdig, dass die Zellen, die nicht weit von der Schleimschicht entfernt sind, nie diesen eigenthümlichen Inhalt zeigen, dass derselbe vielmehr erst auftritt, nachdem sich das Horn gebildet hat.

Wenn wir dieses Epitrichium nach der Spitze des Schnabels hin verfolgen, dann finden wir, dass es dünner wird. Von den Stellen, an denen noch kein eigentliches Horn entwickelt ist, ist es unmöglich vorherzusagen, ob sich an ihnen die direct auf der

Schleimschicht liegenden Zellen in Horn verwandeln, oder sich mit dem Epitrichium vereinigen werden. Obgleich die Grenze zwischen dem Epitrichium und Horn bei Hühnchen in der Regel sehr scharf markirt ist, ist das bei Embryonen von Milvus, Buteo, und Melopsittacus nicht so, indem die Fläche der Hornschicht hier sehr oft uneben ist und Zellen aufweist, die über die Grenze in das Epitrichium hineinragen.

Gewöhnlich sind diese Zellen nur theilweise verhornt. Behandelt man die Schnitte durch den Schnabel mit Picrocarmin, dann sieht man, dass solche Zellen sehr rothe Kerne haben, der übrige Theil der Zellen dagegen eine gelbe Farbe annimmt.

Es kommt auch vor, dass sich einige Zellen, die sehr wenig oder gar nicht verhornt sind, von Hornzellen vollkommen umgeben, in der Hornschicht vorfinden.

Dieselben sind in solchen Fällen immer abgeplattet und von gleicher Gestalt, wie die sie umgebenden Hornzellen, während sie betreffs ihrer Kerne und ihres Inhalts den Epitrichiumzellen ähnlich sind.

Bei den ziemlich reifen Embryonen von Melopsittacus und Buteo ist es auch nicht selten, dass in dem unteren Theil des Epitrichiums viele vollständig verhornte Zellen wahrgenommen werden. Diese Zellen bleiben immer rund und etwas kleiner wie die Epitrichiumzellen, zwischen welchen sie eingebettet sind.

Hat man einen solchen Schnitt mit Kalilösung behandelt, dann äussert sich deren Wirkung folgendermaassen. Erst lösen sich die Zellen der Schleimschicht auf und darauf der äusserste Theil des Epitrichiums, sowie diejenigen Epitrichiumzellen, welche in der Hornschicht eingebettet sind; erst nach und nach aber lösen sich die verhornten Zellen in dem Epitrichium, und auch diese nicht vollständig. Es bleibt immer ein ungelöster Rest übrig.

An Längsschnitten durch den Oberkiefer gewinnen wir die Ueberzeugung, dass das Epitrichium da am dicksten ist, wo die Hornschicht die grösste Stärke erlangt hat. Die einzige Ausnahme von dieser Regel ist auf der Spitze des Eizahnes zu finden, die augenscheinlicher Weise das Epitrichium durchbrochen hat, wie wir das später, wenn wir mit der Entwickelung dieses eigenthümlichen Organs näher bekannt werden, noch weiter hervorzuheben haben.

Noch bevor übrigens das Horn eine beträchtliche Dicke gewinnt, ist die Zwischensubstanz vollständig verschwunden, so dass

wir fast vermuthen möchten, es habe dieselbe zur Nahrung der
Zellen gedient. Sehr bald nachher werden die Kerne weniger
erkennbar und oft durch den Zellinhalt verdeckt (Fig. 18), da
dieser sich in kleine Granula zusammenzieht und aussieht, als
wenn er geronnen wäre. Die Symptome der Zellenactivität haben
aufgehört, allein trotzdem vergrössern sich die Zellen so lange,
bis sie fast zweimal so gross sind als vor der Bildung des Hornes.
Es scheint mir, dass diese Veränderung nicht durch Wucherung,
sondern durch die physikalische Wirkung des Liquor Amnii verursacht wird; d. h., dass sich die Zellen genau so verhalten wie
eine mit Albumen gefüllte Blase, welche man ins Wasser gelegt
hat. In solchen Fällen findet eine Endosmose statt und die Blase
schwillt an. Nach der Quellung nehmen die Zellen eine ovale
Form an, wobei die Längsachsen immer mit der Schichtfläche
parallel liegen.

Wenn wir die Grösse des Schnabels zur Zeit der ersten Hornbildung mit dem Schnabel während der letzten Brütungstage vergleichen, so will es scheinen, als ob das Epitrichium trotz der
Quellung der Zellen viel dünner wäre. Wir brauchen aber nur die
Art und Weise zu studiren, in welcher die Hornbildung sich verbreitet, um alsbald die wahre Ursache der gleichen Dicke des Epitrichiums zu erkennen.

Fig. 12 (ein Querschnitt durch den Schnabel eines zehn Tage
alten Embryo) zeigt, dass die Verhornung nur auf einer Stelle an
dem oberen Theil stattfindet.

Eine Untersuchung der älteren Stadien beweist, dass sich die
Hornbildung von hier aus über die Seiten des Schnabels verbreitet.
Fig. 15, die den Randtheil der letztgenannten Figur bei stärkerer
Vergrösserung darstellt, zeigt, dass es unmöglich ist, zu bestimmen,
ob die Zellen der Mittellinie (c, d) verhornen werden oder nur bestimmt sind, das Horn zu bedecken. Weiter entnehmen wir daraus
die Thatsache, dass die Epidermis an dieser Stelle bereits ziemlich dick geworden ist, ehe die Hornbildung sich nach der Seite
hin ausbreitet. Die äussersten Zellen (welche Kerbert und Jeffries Epitrichium benannt haben) sind einstweilen nur wenig abgeplattet und zeigen keine histologische Differenz von den nächstfolgenden Zellen. Nahe dem mittleren Rande des Schnabels
(a, Fig. 14) da, wo der Gaumen mit der ausserhalb der Mundhöhle
liegenden Fläche einen Winkel bildet, ist zunächst und auch später,

fast bis zur völligen Reife des Embryos, noch kein Horn gebildet.
Da aber das Horn an dem obern Theil aus einem ziemlich festen
Gewebe besteht und keine Spur einer Verletzung zeigt, die durch
das Wachsthum des darunterliegenden Gewebes verursacht sein
könnte, dürfen wir annehmen, dass die Breitewucherung des
Schnabels in der Nähe des Winkels und an dem unverhornten
Gaumen stattfindet. In der That bleibt auch bei den meisten Vögeln
der Gaumen fast bis zum Schluss des Embryonallebens unverhornt.
Wäre dem nicht so, dann würde durch das Wachsthum des Gaumens
die Hornfläche ausserhalb der Mundhöhle sich abflachen müssen.
So aber wachsen zugleich die unverhornten Seiten, welche dem
Winkel nahe liegen, und dadurch vergrössert sich der Schnabel
auch in senkrechter Richtung, so dass die allgemeine Kontour nur
wenig verändert wird.

Es ist übrigens zu bemerken, dass sich bei Melopsittacus und
bei der Taube die Hornschicht auf dem Gaumen früher bildet als
beim Hühnchen. Dafür werden die äussersten Zellen später hier
abgestossen und zwar unter Verhältnissen, die auf eine durch die
Vergrösserung des darunterliegenden Theiles verursachte Verletzung
zurückschliessen lassen. Die Verlängerung des Schnabels geht in
ähnlicher Weise vor sich, d. h., die Wucherung findet nur in den
unverhorten Theilen statt, in denen dabei aus der Schleimschicht
Zellen entstehen, welche zu der Epitrichiumbildung beitragen und
das Horn bekleiden werden.

Damit stimmt auch die Thatsache, dass die Hornbildung nicht
weit von der Spitze beginnt und sich von hier vornehmlich nach
dem Kopf hin ausbreitet. Es geht das schon aus der Stellung des
Eizahnes hervor, der mit zunehmender Entwicklung immer weiter
von dem Kopfe sich entfernt.

Da die obere Fläche des Schnabels eine konvexe Form hat,
so ist es offenbar, dass in dem Maasse, in dem die Hornschicht
dicker wird, auch die Ausdehnung der Fläche zunimmt, und dess-
halb sehen wir die angeschwollenen Epitrichiumzellen immer mit
der Schichtfläche parallel. Trotz dieser Dehnung zeigt übrigens
sowohl das peripherisch gelegene Horn wie das darüberliegende
Epitrichium kaum irgend welche auffallende Verletzung.

Da die Horn- und Epitrichiumbildung am Unterkiefer sich
sehr ähnlich verhält, so bedarf es hierfür keiner besonderen Beschreibung.

Auf dem Gaumen bildet sich die Hornschicht in derselben Weise wie auf den andern Theilen des Schnabels; d. h., es sind nicht die äussersten Zellen, die sich verhornen, sondern diejenigen, die ungefähr die mittlere Zone der Epidermis einnehmen, so dass diese auch den Gaumen mit einem dünnen Epitrichium bekleiden. Die Zunge wird gleichfalls von einem dünnen, aus abgeplatteten Zellen bestehenden Epitrichium bedeckt.

Wenn wir das Aussehen des Schnabels ein paar Tage vor dem Auskriechen des Küchleins (Fig. 22) mit dem des ausgeschlüpften Thieres vergleichen (Fig. 23), so finden wir, dass während dieser letzten Tage ein merkliches Auswachsen desselben stattgefunden hat. In einem spätern Abschnitt werden wir diese Erscheinung näher besprechen, hier soll nur erwähnt werden, dass durch diese Wucherung das Epitrichium an der Spitze ausgedehnt und schliesslich zerrissen wird, woraus dann bei dem Auskriechen aus dem Ei die ganze Schicht durch Abscheuern an der Schale verloren geht.

Bei Melopsittacus verschwindet sie etwas früher. Wie wir bereits kennen gelernt haben, sind bei diesen Vögeln in dem Epitrichium viel zahlreichere hornige Zellen vorhanden als beim Hühnchen, wesshalb ich denn glaube, dass die ganze Membran ihre Biegsamkeit grösstentheils verloren hat. Das Epitrichium wird also demnach hier vermuthlich durch die Vergrösserung der Hornfläche, welche ihrerseits durch die Verdickung der Hornschicht verursacht ist, zerrissen.

Ob bei Buteo und Milvus die Schicht bis zu dem Auskriechen aus dem Ei bleibt, oder ob sie, wie bei Melopsittacus, vor demselben verloren geht, weiss ich nicht, da ich keine Gelegenheit hatte, bei diesen Vögeln die letzten Stadien des Embryonallebens zu untersuchen. Da jedoch bei allen drei Vogelarten die in ihrer Zusammensetzung sehr ähnliche Schicht auch die gleichen Veränderungen erleidet, so können wir wohl erwarten, dass sie auch in ähnlicher Weise verloren ginge.

Auf den Krallen entwickelt sich diese Schicht genau so, wie auf dem Schnabel, wesshalb ich auch hier von einer weiteren Darstellung abstehe.

Da übrigens das Horn nirgends so dick ist, wie auf dem Schnabel, und da das Epitrichium immer dort dicker ist, wo auch

das Horn sich am stärksten bildet, so können wir auf den Krallen
kein so auffallendes Epitrichium erwarten.

Das Auswachsen der Krallen beginnt sehr zeitig, so dass
das Epitrichium schon vor dem Auskriechen sich stark dehnt, und
manchmal an der Spitze zerrissen wird. Ebenso verursacht die
Wucherung der Schuppen eine starke Ausdehnung des Epitrichiums,
welche Kerbert freilich ihrer wahren Bedeutung nach übersehen
zu haben scheint, obwohl er sie in seiner Abbildung der Schuppen
darstellt. Da, wo er die Entwickelungsgeschichte der Schuppen
beschreibt, bleibt bis auf die Auffassung einer Körnerschicht nur
wenig zu wünschen übrig. Indem er von dieser „Körnerschicht"
spricht, theilt er uns mit, dass unter derselben eine zweite Zellenlage zu erkennen sei, welche sich mehr oder weniger scharf gegen
die „Körnerschicht" abgrenzt. Ebenso erwähnt er, dass die Zellen
fein granulirt sind, deutliche Kerne zeigen, und mit sehr feinen
Zähnchen in einander eingreifen. „Riffzellen", setzt er hinzu, „im
wahren Sinne des Wortes sind sie eigentlich nicht, weil die Sta-
cheln sehr kurz sind".

Obgleich ich auf den Schuppen ebensowohl wie auf dem
Schnabel mehrfach Zellen gefunden habe, auf welche diese Beschreibung einigermaassen passt, halte ich dieselben doch für
nichts anderes als die vorher beschriebenen theilweise verhornten
Epitrichiumzellen.

Eine genaue Untersuchung zeigt nämlich, dass das riffzellen-
artige Aussehen erst eine secundäre Eigenschaft darstellt. Es kommt
nämlich öfter vor, dass sich die Wände der durch Endosmose
angeschwollenen Zellen in den letzten Stadien, nachdem die Zellenactivität aufgehört hat, sehr unregelmässig wellenförmig falten.
In dem Epitrichium des Schweinshufes ist diese Eigenthümlichkeit sehr oft zu erkennen, doch habe ich hier nie so kleine Faltungen gesehen, wie bei Vögeln.

Jeffries, der über diese Zellen gesprochen hat, nahm an,
dass die Zähnchen, die allem Anschein nach in einander eingreifen,
von dem körnigen Inhalt gebildet würden, der sich den Zellen-
wänden angelagert habe, und in der That wird auch jene den
Zähnchen ähnliche Bildung durch diese Körnchen noch verstärkt.

Er sagt: „These cells as forming a distinct layer are diffi-
cult to find, and seem to be only the oldest horncells". Ich gebe
zu, dass sie keine besondere Zellenlage bilden, doch begreife ich

nicht, warum Jeffries sie als die ältesten Hornzellen bezeichnet hat, da weder er selbst, noch Kerbert angiebt, dass sie verhornt sind. Im Gegentheil, Kerbert sagt, dass diese Zellen mit der Körnerschicht verwachsen und im Zusammenhang mit derselben abgestossen werden, aber nirgends ist erwähnt, dass sich Hornzellen in dieser Art ablösen. Wenn wir von den ältesten Hornzellen sprechen, müssen wir auf die äussersten Zellen der Hornschicht verweisen.

Kerbert theilt uns mit, dass sich am dreiundzwanzigsten Tage die Körnerschicht im Zusammenhang mit dem Epitrichium ablöst.

Es scheint, als ob Jeffries sich hier verlesen hat, denn er sagt, Kerbert habe keine Beschreibung des Epitrichiums während der letzten Brütungstage gegeben, vielmehr habe er bemerkt, dass es vor dem Abstossen der Körnerschicht verloren gehe.

Zum Schlusse noch einige Worte über das Epitrichium auf denjenigen Theilen des Körpers an denen sich kein eigentliches Horn bildet.

Was zunächst das Hühnchen betrifft, so ist diese Schicht auf dem Rücken, Kopf u. s. w. nicht von den darunter liegenden Zellen zu unterscheiden.

Die äussersten Epidermiszellen verhalten sich hier ganz wie bei dem ausgewachsenen Thiere, indem sie abgeplattete und nicht so lebenskräftig sind als die unteren.

Wollten wir diese äussersten Zellen mit einem besonderen Namen bezeichnen, dann gewinnt es das Aussehen, als ob wir damit einen Unterschied andeuteten, der in Wahrheit nicht vorhanden ist. Bei dem ausgewachsenen Thiere werden die äussersten Zellen abgelöst, aber in dem Embryo, wo die Epidermis sich immer feucht erhält und nicht abgenutzt wird, bleiben die Zellen meistens intact bis auf jene, welche durch das Auswachsen der Federn, deren Bildung natürlich von der Schleimschicht ausgeht, abgestossen werden.

Nach dem Auskriechen aus dem Ei gehen die inzwischen ausgetrockneten äussersten Zellen ebenso verloren wie später die äusseren Epidermiszellen. Nur auf der Federnanlage ist ein förmliches Epitrichium vorhanden, aber da die Federn eine hornige Structur haben, ist solches nicht auffallend. Die sogenannte Horn-

scheide der Embryonalduuen ist theilweise verhornt und als ein
Theil des Epitrichiums zu betrachten.

Bei Melopsittacus ist die Hautbildung etwas anders, als beim
Hühnchen. Ehe sich die Federn bilden, ist hier nämlich der ganze
Körper mit einer dünnen Hornschicht bekleidet. Wenn diese
Hornschicht zuerst auftritt, grenzt sie sich gegen die darunterliegenden Zellen nicht scharf ab, aber in einem späteren Stadium
kann man leicht unterscheiden, welche Zellen zu dem Epitrichium
und welche zu der zukünftigen Epidermis gehören. In dem Maasse
wie das Wachsthum des Embryo fortschreitet, werden die Hornzellen auseinander gezerrt und allmählich abgelöst.

Es ist bekannt, dass bei[1] Fratercula Articus eine Mauser
des Schnabelhorns stattfindet, und dass in ähnlicher Weise die
Krallen des Schneehuhns verloren gehen. Ebenso theilt Jeffries
mit, er habe oftmals beobachten können, dass sich auch bei Ka-
narienvögeln und Tauben die Hornschicht auf dem Tarsus und auf
den Schuppen disquamire.

Wie wir vorher erwähnt haben, behauptet Kerbert, dass
die bei Reptilien vor der Häutung gebildete neue Hornschicht mit
einem neuen Epitrichium bekleidet sei.

Es würde interessant sein, zu untersuchen, ob sich auch bei
Vögeln bei dieser Mauser ein solches Epitrichium bildet, wie Ker-
bert bei Reptilien beschrieb; aber leider hat keiner von diesen
Beobachtern die Anwesenheit desselben erwähnt.

Das Epitrichium des Schweinshufes.

Ehe wir unsere Erörterungen über das Epitrichium schliessen,
dürfte es nicht uninteressant sein, diese Schicht, welche wir von
den Vögeln geschildert haben, mit derjenigen der Säugethiere zu
vergleichen.

Zu diesem Zweck habe ich das Epitrichium des Schweins-
embryos und zwar hauptsächlich das des Hufes studirt.

Ueber diesen Gegenstand hat die Literatur nur 'eine einzige
Angabe von Welcker (9) aufzuweisen. Er theilt uns mit, dass,

---

1) Bulletin of the Nuttal Orinthological Club April 1878. Auch Bull.
soc. de france 1870.

obwohl die Anwesenheit einer Hautschicht, welche die fast reifen
Faulthier- und Schweinsembryonen umhüllt, schon vor vielen
Jahren erkannt worden wäre, doch der Ursprung und die Bedeutung derselben lange Zeit unerklärt geblieben sei. Von einigen
Beobachtern wurde dieselbe als eine Fortsetzung des Amnions,
von andern als eine dem Embryo eigenthümliche Haut betrachtet,
aber sie wurde nie für die Epidermis gehalten. Bischoff scheint
(10) freilich schon die wirkliche Bedeutung dieser Schicht geahnt
zu haben. Er sagte: „Vielleicht, dass die erwähnte Erscheinung
bei Faulthier- und Schweinembryonen auch nichts anderes als
eine solche Schicht der sich lösenden Epidermis ist, die hier nur
vielleicht in grösseren Partien auf einmal abgeht, während sie in
anderen Fällen ganz allmählich abgestossen wird".

Welcker aber war es, der durch eine systematische Untersuchung des Gegenstandes die wahre Bedeutung dieser Schicht
dargethan hat.

Bei denjenigen Thieren, bei denen sie die grösste Entwickelung erreicht, fand er, dass dieselbe bis zur Geburt unzerrissen
bleibt und eine vollkommene Umhüllung des behaarten Körpers
bildet; weshalb er denn auch vorschlug, dieselbe als „Epitrichium"
zu bezeichnen. Bei Bradypus, Choloepus, Myrmecophaga,
Dicotyles, Sus, und wahrscheinlich auch beim Pferde ist der
ganze Körper von einem solchen Epitrichium umhüllt. Bei Bradypus erreicht er eine Dicke von 1,0 mm. Von anderen Säugethieren, nämlich Dasypus, Coelogenys, Dasyprocta, Hydro-
chaerus, Cervus, Ovis, Bos, Didelphis, Ursus, Felis und
vom Menschen beschrieb Welcker eine „epitrichoide Schicht",
die nie mehr als 0,005 mm dick wird, und während des Embryonallebens sich allmählich ablöst. Der einzige Unterschied, den er
zwischen Epitrichium und epitrichoider Schicht anerkennt, liegt
in der verschiedenen Dicke.

Obgleich die Entwickelungsgeschichte des Hufes nicht zu der
Aufgabe gehört, welche ich mir gestellt habe, hängt doch die Entwickelung des Hornes so nahe mit dem Entstehen des Epitrichiums
zusammen, dass die Erörterung des Einen ohne die des Anderen
unvollkommen sein würde. Allerdings bin ich nicht im Stande
gewesen, die Hufesentwickelung vollständig verfolgen zu können,
und deshalb beschränke ich mich auf die Schilderung des Horn-
gebildes, soweit es das Epitrichium betrifft.

Wenn der Schweinsembryo eine Länge von 6—7cm erreicht hat, besteht die Schleimschicht auf dem Rücken, den Beinen u. s. w. aus cuboidischen Zellen, die sehr grosse Kerne enthalten. Die darüberliegende Schicht jedoch ist aus drei oder vier einigermaassen abgeplatteten Zelllagen mit schönen deutlichen Kernen gebildet. Die alleräussersten Zellen sind sehr stark abgeplattet und vermuthlich, da die Kerne oftmals ganz verschwunden sind, von nur geringer Activität. Die ganze Epidermis hat eine Dicke von 0,015—0,02mm. In diesem Stadium ist es unmöglich zu bestimmen, ob die äusseren Zellen ein Epitrichium bilden oder zu der eigentlichen Haut gehören; Hufe und Zehen aber haben schon jetzt ihre zukünftige Form erlangt, es ist ihre Epidermis sogar nicht weit von dem distalen Ende fünfmal so dick wie auf den Beinen. Die Hornschichtzellen sind gewöhnlich rund. Sie haben einen Durchmesser von 0,015—0,02mm und zeigen sehr grosse, deutliche Kerne. Die alleräussersten Zellen sind stark abgeplattet und weichen nur wenig von den äussersten Zellen auf andern Theilen der Körper ab.

Bald aber tritt in der Schleimschicht eine grosse Veränderung hervor, indem sich dieselbe nicht weit von dem Ende vielfach tief (Fig. 1) einfaltet. Diese Falten bezeichnen das erste Auftreten der Leisten und laufen der Länge nach durch die Hufwand. Auf der unteren Seite, welche der Sohle entspricht, sind keine solchen Falten vorhanden; hier finden wir im Gegentheil die Schleimschicht ganz eben und aus langen cylinder- oder spindelförmigen Zellen zusammengesetzt.

Kurz nachher erscheint gerade über den grössten Faltungen das erste Horn und zu derselben Zeit, in der sich die Falten nach den Seiten hin vermehren, breitet sich die Hornbildung immer weiter aus.

Dabei sind übrigens dieselben Beziehungen zwischen Schleimschicht und Hornbildung vorhanden, wie in dem Schnabel der Vögel, das heisst, das Horn wird auch am Hufe erst gebildet, wenn die Schleimschicht bereits ihre zukünftige Beschaffenheit einigermaassen hat. Je mehr das Reifen der Schleimschicht nach allen Richtungen hin fortschreitet, desto weiter geht auch die Verhornung des darüber liegenden Gewebes.

Auf Längsschnitten finden wir die gleichen Verhältnisse zwischen der Schleimschicht und der Hornbildung: sobald die Faltungen sich nach oben verlängern, entsteht auch das Horn gerade über denselben.

Bevor das Horn sich bildet, hat die Hornschicht eine Dicke von 0,10—0,15 mm erreicht; die erste Verhornung aber tritt ungefähr in der Mitte dieser Schicht auf. Wie am Schnabel ist es auch hier vor Beginn der Verhornung unmöglich vorherzusagen, ob die Zellen sich verhornen, oder in die Epitrichiumbildung eingehen werden.

Wenn wir die Länge des Hufes mit der des Beines bei Embryonen von verschiedener Grösse vergleichen, dann gewinnen wir alsbald die Ueberzeugung, dass die relative Verlängerung des Hufes die der Beine beträchtlich übertrifft. Nun aber ist es offenbar, dass die Hornzellen von einander gezogen und das Epitrichium ausgedehnt werden muss, wenn die unter dem verhornten Theile liegende Fleischwand wächst. Da jedoch Hornzellen und Epitrichium keine Spur einer solchen Zerrung zeigen, so müssen wir annehmen, dass nur die unverhornten Theile des Hufes wachsen. Die Verlängerung des Hufes findet also zwischen dem verhornten Theil und dem Bein statt, und der Durchmesser vergrössert sich durch die Wucherung der unverhornten Hufwände und der Sohle. Die Verbreitung geschieht, wie wir gleich kennen lernen werden, erst kurz vor der Geburt, und dann vergrössert sich der Huf auf andere Weise.

Kurz nach der ersten Verhornung besteht das Epitrichium aus runden oder ovalen Zellen von 0,015—0,023 mm, die in eine protoplasmatische Zwischensubstanz eingebettet sind und immer grosse und deutliche Kerne besitzen. Es ist auffallend, dass in diesen Zellen niemals solche Körnchen vorhanden sind wie bei den Hühnchen und andern Vögeln; der Zelleninhalt bleibt vielmehr immer klar und durchsichtig. Die äussersten Zellen sind stets abgeplattet, und zeigen dieselbe Beschaffenheit wie die äussersten Zellen auf andern Theilen des Körpers. Nirgends ist die Grenze zwischen Horn und Epitrichium scharf zu unterscheiden, zumal die äussersten Hornzellen sich theilweise roth, und die unteren Epitrichiumzellen theilweise gelb färben, sobald das Präparat mit Picrocarmin behandelt wird. Dem Ursprung nach wie in seinem Verhältniss zu dem Horn ist das Epitrichium bei den Säugethieren übrigens genau dasselbe wie bei den Vögeln.

Wenn es nun aber auch wahr ist, dass die Wucherung des

Hufes keine Verletzung des Epitrichiums verursacht, so übt doch die Verdickung des Hornes einen gewissen Einfluss auf dasselbe aus.

Da die Gestalt des Hufes halbcylindrisch ist, so wird selbstverständlich die Fläche desselben um so grösser werden, je mehr die Dicke zunimmt, und dadurch wird natürlich auch das Epitrichium gezwungen, sich auszudehnen. Diese Ausdehnung wird sich zuerst durch die Veränderung der Zellen kund thun. Die Zellen werden oval und stellen sich mit ihrer Längsaxe parallel zu der Schichtfläche.

Bald nach dem ersten Auftreten des Hornes verändert sich auch die Gestalt des Hufes. Das Ende und die Seiten oder Ränder werden umgeschlagen, eine Erscheinung, die Fig. 4 von einem etwas älteren Stadium darstellt.

Dieses Umschlagen der Ränder scheint durch ein grösseres Wachsthum der Sohle verursacht zu werden, in Folge dessen dann die äussersten abgeplatteten Zellen weit auseinander gezogen und die nächst darunterliegenden Zellen in die so entstehenden Zwischenräume hineingeschoben werden. Auf den vorderen Hufwänden, wo die Epidermis eingebogen ist, werden die äussersten abgeplatteten Zellen enger an einander gepresst und dadurch abgestossen.

Wie schon erwähnt wurde, waren die Epitrichiumzellen kurz nach der ersten Hornbildung oval und ungefähr $0{,}20 \times 0{,}15$ mm gross. Nach kurzer Zeit aber finden wir, dass sie sich bis zu $0{,}030 \times 0{,}025$ mm vergrössert haben; in dem fast reifen Embryo stösst man nicht selten sogar auf Zellen von $0{,}065 \times 0{,}0155$ mm. Diese Messungen lehren uns, dass in dem letzterwähnten Stadium die Zellen sehr stark abgeplattet sein müssen.

Ob die alleräussersten Zellen, die zur Zeit der ersten Hornbildung das Epitrichium bedeckten, abgestossen worden sind oder sich so vergrössert haben, dass sie von den andern Zellen des Epitrichiums nicht mehr zu unterscheiden sind, habe ich leider nicht bestimmen können. Da sie jedoch zuerst viel kleiner waren als die darunterliegenden Zellen, und die äussersten Zellen in den letzten Stadien aber am grössten sind, so halte ich es für wahrscheinlicher, dass sie verloren gegangen sind. Dabei ist übrigens zu bemerken, dass nicht nur die Vergrösserung der Epitrichiumzellen im Verhältniss zu der Verdickung des Hornes fortschreitet, sondern auch die Dicke der Epitrichiumschicht in älteren Stadien die der früheren weit übertrifft. Wenn aber erst das Horn auf den Seiten erkennbar geworden ist, hat das Epitrichium an dieser Stelle eine Dicke von 0,065 mm erreicht, aber an dem ziemlich reifen Embryo finden wir an derselben Stelle ein Epitrichium von 0,092 mm.

Die meisten Epitrichiumzellen haben einen durchsichtigen Inhalt, der durch Picrocarminbehandlung eine blasse, rothe Farbe annimmt. In der Mitte jeder Zelle erblickt man einen klaren Raum, welcher einen deutlichen und schönen Kern enthält. Bei älteren Embryonen sind diese Kerne oftmals gestreckt und derart abgetheilt, dass zwei oder drei Kerne daraus entstehen (Fig. 6).

In Bezug auf die Zelltheilung in dieser Schicht sagt Welcker, dass er in dem Epitrichium auf dem Rücken von Choloepus didactylus (wie an derselben Stelle auch bei anderen Thieren) Kerntheilung in überraschender Häufigkeit beobachtet habe; er schliesst daraus, dass die Zellen sich in dieser Weise vermehren. Nun fragt er sich aber: wenn wirklich Zelltheilung vorhanden ist, woher kommen die Nahrungsstoffe, deren Aufnahme die Zellenwucherung veranlasst?

Da diese Zellen weit von der Schleimschicht entfernt und durch eine feste, dicke Hornlage von derselben getrennt sind, ist es ganz undenkbar, dass hinreichende Nahrungsstoffe aus der Tiefe zu ihnen gelangen könnten. Es müssten sich auch, wenn dem wirklich so wäre, die untersten Zellen theilen; allein diese zeigen nie die Spur eines solchen Vorganges. Andererseits habe ich aber auch vergebens nach einer Autorität gesucht, welche die Ansicht unterstützte, dass Nahrungsstoffe, wenn auch nur in geringem Maasse, von dem Liquor Amnii geliefert werden könnten; ich habe für eine solche Annahme keinerlei bestätigende Angaben finden können.

Fehling (11) und Prochownick (12) haben Analysen der Amnions-Flüssigkeit veröffentlicht. Obgleich in den verschiedenen Altersstufen einigermassen verschieden, enthält dieselbe doch in keinem Fall mehr als 2,50 % von fester Substanz und in dieser nur 0,30 % Eiweiss. Nach Kölliker[1]) hat auch Majewski das

1) S. 324.

Fruchtwasser bei Herbivoren untersucht und gefunden, dass dasselbe hier in den späteren Stadien reicher an festen Bestandtheilen ist, als in den ersten Monaten, eine Thatsache, die im geraden Gegensatz zu den Verhältnissen steht, die vom Menschen bekannt sind.

Da aber von der Zusammensetzung nichts erwähnt wird, ist es nicht wahrscheinlich, dass eine irgendwie auffallende, grössere Quantität von Eiweiss vorhanden ist. Aus allen diesen Bemerkungen schliesse ich, dass das Fruchtwasser keine Nahrungsstoffe liefern kann oder wenigstens nicht genug, um die Zellwucherung zu veranlassen.

Dass die Zwischensubstanz von den Zellen absorbirt wird und so zur Vergrösserung derselben beiträgt, scheint wahrscheinlich, doch ist es sicher, dass die Quantität von Nahrungsstoffen, welche diese Zwischensubstanz liefern könnte, keineswegs ausreichen würde, um die Zellenvergrösserung und Kerntheilung allein zu erklären. In einem späteren Stadium finden wir die meisten Zellen ganz leer, oder nur mit einigen protoplasmatischen Fäden und Resten der Kerne. Sie zeigen unverkennbare Spuren davon, dass sie auf dem Wege sind, zu Grunde zu gehen, obschon sie sich noch vergrössern. Ich halte es für wahrscheinlich, dass die Zellen im eigentlichen Sinne nur selten wachsen, dass sie vielmehr lediglich auf physicalischem Wege, durch Wirkung der Flüssigkeit, d. h., durch Endosmose anschwellen, genau wie die Zellen der betreffenden Schicht beim Itthuchen. Da in einem späteren Stadium alle Zellen ohne Inhalt sind, glaube ich annehmen zu dürfen, dass die Kerntheilung nur das erste Symptom der Zersetzung der Zellen ist.

Fig. 2 zeigt einen Querschnitt durch den Huf, nachdem sich die Hornbildung ziemlich weit ausgebreitet hat. Was als Papillen (p) erscheint, sind die durchschnittenen Schleimschichtfalten; die darüberliegende weisse Schicht ist das Horn (h) und (e) das Epitrichium, welches dasselbe bekleidet; der lange Ausläufer oder Arm ist der umgeschlagene Theil des Randes. Es ist offenbar, dass durch eine Verdickung des Hornes die in dem Winkel A liegenden Epitrichiumzellen eng aneinander gepresst werden müssen. Fig. 3 zeigt diese Zellen bei starker Vergrösserung. Die Basis der unteren Zellen ist fest mit dem Horn verwachsen, die Zellen selbst sind lang gestreckt und zeigen wellenartige Zellenwände. Die äussersten dieser Zellen werden viel grösser, als die darunter liegenden und erreichen einen Durchmesser von 0,05—0,045 mm. Das Epitrichium der Sohle besitzt niemals eine so bedeutende Dicke wie auf dem vorderen Theile des Hufes, was durch das rasche Wachsthum der Unterlage, die das Epitrichium dehnt, zur Genüge erklärt wird. Die im Laufe der Entwicklung eintretende Grössenzunahme der äusseren Zellen ist im Ganzen eben nicht bedeutend.

Da übrigens das Horn der Sohle sich erst sehr spät bildet, bleibt die Grenze zwischen ihm und dem Epitrichium lange Zeit unbestimmbar. Dafür aber nehmen die Papillen der Sohlenfläche schon ziemlich zeitig ihren Ursprung. In Folge dessen wächst die Sohle so stark, dass sich die Ränder des vorderen Theiles immer mehr umschlagen. Auf der vorderen Seite dieses umgeschlagenen Theiles (Fig. 2) findet man eine dünne Hornschicht, welche mit einem dünnen Epitrichium bekleidet ist.

Wenn wir diese Fig. 2 mit Fig. 1 vergleichen, dann gewinnen wir die Ueberzeugung, dass dieser umgeschlagene Theil nicht eher gebildet wird, bis die Epidermis auf der vorderen Wand ziemlich dick ist und die Verhornung der Zellen schon angefangen hat. Ein Querschnitt durch denselben Theil in einem älteren Stadium (Fig. 5) beweist, dass mit der Veränderung der allgemeinen Gestalt des Hufes auch seine Epitrichiumzellen sich vergrössert haben und den andern Epitrichiumzellen nicht unähnlich geworden sind. Gleichzeitig ersehen wir, dass ein Durchschnitt des Hufes schon die halbkreisförmige Gestalt hat, welche denselben bei dem ausgewachsenen Thier characterisirt.

Diese Veränderung scheint durch das Wachsthum innerhalb des Hufes hervorgebracht zu sein. Während der Knochen im Innern sich vergrössert, rückt der Winkel A (Fig. 2) der Spitze B näher, und so nimmt dann der Huf allmählich seine halbcylindrische Form an.

Um dieselbe Zeit schwellen die Zellen des darüberliegenden Epitrichiums so an, dass zwischen diesem und demjenigen Theil, welcher das erste Horn bekleidet, kein Unterschied zu erkennen ist.

Es ist jedoch nicht blos die Wucherung innerhalb des Hufes, sondern auch die Fortbewegung der vorderen Hufwände, welche die regelmässige Form restaurirt.

Es ist bekannt, dass in der Krone des Hufes Papillen vorhanden sind, welche durch die Bildung neuer Hornzellen die ganze Hornscheibe fortschieben. Da aber diese Papillen sich erst spät im Embryonalleben bilden, bleibt die Hornschicht eine längere Zeit hindurch auf der Schleimschicht unverhornt liegen. Es ist etwa um die Zeit der ersten Haaranlagen, dass die zukünftige Grenze zwischen Huf und Bein sich bemerklich macht, und auch dann hat sich die Hornbildung noch nicht bis zu derselben ausgebreitet. Noch später erst entstehen die Papillen und damit fängt dann die Hornschicht an, sich fortzubewegen.

Selbstverständlich ist es, dass das Horn sein mit ihm verwachsenes, es bedeckendes Epitrichium trägt.

Bei einem neugeborenen Lamm, welches ich durch die Freundlichkeit des Herrn Dr. Fraisse im Stande war, zu untersuchen, fand ich, dass nahe der Krone, auf einem 0,50 cm langen Raum, kein Epitrichium vorhanden war. Auf dem vorderen Theil jedoch war diese Schicht fest mit dem Horn verwachsen. Bei diesem Geschöpf erstreckt sich über den unteren Theil des Beines eine lange Fortsetzung des mit dem Huf verwachsenen Epitrichiums aus und bildet eine vollständige Bekleidung des Haares. An dieser Stelle sieht es genau so aus, wie das von Welcker beschriebene, das Haar bedeckende Epitrichium. Ob auch die anderen Theile des Körpers eine solche Bekleidung hatten, weiss ich nicht, da ich nur Gelegenheit hatte, die Hufe und Beine zu untersuchen. Welcker sagt, dass bei Ovis kein Epitrichium vorhanden sei, sondern nur eine Epitrichoidschicht, welche höchstens eine Dicke von 0,005 mm erreicht.

Doch ist diese Schicht in jenem Lamme 0,065 mm dick. Die Zellen derselben (Fig. 7) sind langgestreckt, mit wellenartigen Wänden und von sehr unregelmässiger Gestalt. Die meisten derselben sind leer, oder enthalten nur einige Reste protoplasmatischen Inhalts und die Kerne. Mit Picrocarmin behandelt, färben sich die Zellwände gewöhnlich gelb; in Kalilösung aber bleiben sie unverändert.

Durch Herrn Geheimerath Leuckart wurde mir ausserdem Gelegenheit, das Epitrichium auf Huf und Bein bei einem nahezu ausgetragenen Embryo von Dicotyles zu untersuchen.

Auf dem Bein hat dasselbe eine Dicke von 0,035—0,04 mm und auf dem Huf eine solche von 0,065—0,070 mm. Seine Zellen weichen in keinerlei Hinsicht von denjenigen des Lamm-Epitrichiums ab. Eine Vergleichung mit den allerletzten Stadien des Schweinshufes habe ich leider nicht vornehmen können. Welcker sagt, dass der einzige Unterschied zwischen dem Epitrichium des Schweins und des Dicotyles einmal in der grösseren Dicke beruht, die es bei dem letztgenannten Thiere erreicht und weiter darin, dass es hier viel länger vorhanden ist.

Auf dem Rücken bildet sich das Epitrichium in genau derselben Weise wie auf dem Huf, insofern es auch bei diesem Körpertheil in den früheren Stadien unmöglich ist, vorherzusagen, ob seine Epidermiszellen die eigentliche Hornschicht oder das Epitrichium zu bilden bestimmt sind.

Leider hatte sich bei den mir zu Gebote stehenden älteren Embryonen die Epidermis durch Maceration so abgelöst, dass es unmöglich war, die Epitrichiumbildung mit derjenigen auf dem Hufe zu vergleichen. Doch giebt es keinen Grund anzunehmen, dass dieselbe in einer abweichenden Weise vor sich gehe.

Welcker sagt, dass bei allen von ihm untersuchten Säugethieren die Grenze zwischen der Epidermis und dem Epitrichium sehr deutlich sei, und dass die letzt erwähnte Schicht bei keinem einzigen Säugethiere in die Bildung der eigentlichen Haut eingehe. „Das Epitrichium entspricht mithin nicht einer beliebigen Menge in der Fötalzeit durch Abschuppung verloren gehender, den zurück bleibenden sonst gleichwerthigen Epidermiszellen, sondern einer ganz bestimmten, histologisch differenten Zellenlage". Das durch das Absterben der Zellen ein histologischer Unterschied bedingt wird, habe ich oben beschrieben, aber ich habe auch hervorgehoben, dass bei Vögeln und Säugethieren in den früheren Stadien keine Grenze zwischen dem Epitrichium und der bleibenden Epidermis zu erkennen ist.

Die Entwickelung des Epitrichium auf dem Nagel beim Menschen geht ganz anders vor sich, als auf dem Huf. In seiner Beschreibung der Entwickelung des Nagels sagt Una (7), dass die Andeutung des Nagelfalzes eintritt, ehe die Verhornung der Zellen zu erkennen ist. In dieser Einsenkung findet die erste Verhornung statt, die dann zur selben Zeit, in der die Einsenkung tiefer in die Cutis hineindringt, nach vorn sich verbreitet. Die über der Nagelwurzel liegende Falz bildet eine Zellenlage, welche nach vorn über den Nagel hinwächst. In Bezug darauf sagt Una: „Wir finden am hinteren Nagelfalz zeitlebens ein Hornplättchen, welches

vom Fingerrücken auf dem Nagel herniedersteigt, und wenn es
fest mit diesem verklebt, zu Einrissen der Hornschicht des Finger-
rückens Anlass giebt, weshalb man es fleissig vom Nagel abzulösen
pflegt. Dieses ist der unscheinbare Rest des fötalen Eponychium".

Entwickelung des Schnabels.

Bevor ich zu der Darstellung der Entwickelungsgeschichte
des Schnabels übergehe, sei es mir gestattet, Herrn Dr. Fraisse
meinen besten Dank für das reiche Material auszusprechen, welches
er mir zur Verfügung gestellt hat.

Durch seine Freigebigkeit bin ich im Stande gewesen, die
Schnabelentwickelung bei Ente, Taube, Weihe, Bussard und Wellenpapagei mit derjenigen des Hühnchens zu vergleichen. Obgleich
diese Embryonen manche verschiedene Stadien darstellen, bot doch
vor allem das Hühnchen Gelegenheit zur Untersuchung einer voll-
ständigen Entwicklungsreihe.

Ich werde mir deshalb erlauben, hauptsächlich dieses letztere
meiner Darstellung zu Grunde zu legen und die übrigen Arten nur
dann zu erwähnen, wenn bei ihnen die betreffende Entwickelung
von der beim Hühnchen wesentlich abweicht.

Beim Hühnchen ragen die Kiefer am sechsten oder siebenten
Brütungstage nur wenig aus dem Kopf hervor; sie haben noch
keineswegs ihre zukünftige Gestalt erreicht, zeigen vielmehr im
Verhältniss zur Länge eine ausserordentliche Breite.

In diesem Stadium ist der Kopf in toto etwas durchschei-
nend, nur die erste Hornsubstanz, welche dem vorderen Theil des
Oberkiefers aufliegt, erscheint als eine opake kleine Erhebung.
In Wirklichkeit ist diese Erhebung das erste Anzeichen des soge-
nannten „Eizahnes", eines Gebildes, dessen Structur viele Eigenthümlichkeiten in sich schliesst. Bei mikroskopischer Untersuchung
erkennt man darin zunächst eine Anzahl runder Zellen mit sehr
grossen Kernen, die in einer Schicht zusammengruppirt sind, und
sich gegen das darüberliegende Epitrichium scharf absetzen. Mit
Picrocarmin behandelt, nehmen die Kerne eine schöne rothe Farbe
an, während die Zellenwände sich gelb oder orange färben.

Diese Zellen platten sich auch nicht ab, wenn sie von der
Schleimschicht weiter abrücken, sondern werden oval oder birnen-

förmig, indem sie meist senkrecht zur Oberfläche auswachsen
(Fig. 15). Zu gleicher Zeit verdicken sich die Zellenwände bis zu
solchem Grade, dass es scheint, als ob die Zellen selbst von einer
sehr starken Zwischensubstanz umgeben wären. Bei Behandlung
mit Kalilösung ergiebt sich jedoch, dass diese Erscheinung nur
durch das Stärkerwerden der Zellwände verursacht wird, obwohl
das Bild fast ganz den Eindruck einer hyalinen Knorpelsubstanz
macht. Der Inhalt der Zellen trägt dazu bei, diese Aehnlichkeit
noch zu erhöhen. Um die Kerne herum und in den Kernen selbst
sind sehr viele lichtbrechende, glänzende Körnchen wahrnehmbar.
Ueber die chemische Zusammensetzung des Eizahnes habe ich in
der Literatur nirgends genaue Angabe gefunden; nur in einigen
englischen Werken über Hühnerzucht wird derselbe als aus Kalk
bestehend dargestellt. In der That habe ich auch bestätigt gefunden, dass in einigen Fällen eine geringe Masse von Kalk darin
vorhanden ist, doch wird meiner Meinung nach die Undurchsich-
tigkeit nicht von diesen Kalkpartikeln verursacht.

Die letztere ist eine allgemeine Eigenschaft des Eizahnes,
aber ich habe viele Schnitte von jungen Embryonen unter dem
Mikroskope mit Säure behandeln müssen, bevor es mir gelungen
ist, eine chemische Wirkung zu beobachten. Wo eine solche ein-
trifft, da sieht man auch immer nur eine geringe Anzahl von Gas-
bläschen (Kohlensäure) sich abscheiden.

Behandelt man bei einem zwölf Tage alten Embryo die durch
den Eizahn geführten Schnitte in dieser Art, dann sieht man allerdings bisweilen in den Zellen einige Körnchen sich auflösen und
auch Luftbläschen austreten, aber die Lichtbrechung wird dadurch
in keiner Weise geändert. Auch behält der Eizahn, den man in
toto in Säure bringt, immer dasselbe weisse Aussehen.

In der Regel sehen übrigens auch die einzelnen Zellen nach
dieser Behandlung ganz wie früher aus. Aus alledem schliesse
ich, dass das Lichtbrechungsvermögen der Zellen nicht durch die
Anwesenheit von Kalk, sondern durch die unlösbaren Körnchen
verursacht wird. Die wahre Natur dieser Körnchen ist mir freilich unbekannt geblieben, da auch die Anwendung von Aether an
Schnitten wie an ganzen Eizähnen keine Spur von Veränderung
entdecken liess.

Sehr bald werden die Anfangs so deutlichen Kerne dieser
Zellen schwer zu erkennen und nach kurzer Zeit wachsen auch

die Zellen selbst zusammen, oder werden doch so eng aneinander gedrückt, dass die Contouren derselben verschwinden. Wird der Schnitt mit Kalilösung behandelt, so zeigen die Zellen sehr unregelmässige Gestalten.

Während diese Veränderung vor sich geht, entstehen aus der Schleimschicht neue Hornzellen, welche sich abplatten und nach Behandeln mit Reagentien sich genau so verhalten, wie gewöhnliche Hornzellen. Durch die Bildung dieser neuen Zellen wird der Eizahn weiter nach oben geschoben, oftmals so weit, dass die Spitze durch das Epitrichium hindurchbricht. Schon jetzt hat diese Spitze ihre zukünftige Gestalt erreicht, so dass sie von da an unverändert bleibt. Da das Breitewachsthum der Hornplatte bereits vorher geschildert worden ist, so dürfte es überflüssig sein, darauf von Neuem hier zurückzukommen.

Sehr bald nach der ersten Entstehung des Hornes zeigt sich nahe der Spitze des Schnabels eine deutliche Einsenkung der Epidermis, die beim Hühnchen und Melopsittacus als Rinne um den äussersten Rand herumläuft. Fig. 12, 13 und 14 zeigen Querschnitte durch den Schnabel eines 11 Tage alten Hühnchens. Fig. 12 stellt einen Schnitt dar, nicht weit von der vordern Spitze, Fig. 13 etwas weiter nach hinten, und Fig. 14 durch den Eizahn.

In dem ersten dieser Schnitte sieht man, dass die Rinne auf der Seite des Schnabels ziemlich weit von dem Gaumen entfernt ist, viel weniger weit als in dem letzteren Schnitt. Nachdem der Durchmesser des Schnabels sich durch das Wachsthum des Gaumens und des unverhornten Theiles bedeutend vergrössert hat, findet man die Rinne noch weiter von dem Gaumen entfernt (Fig. 19).

Es giebt beim Hühnchen auch eine Epidermaleinsenkung auf dem Gaumen (Fig. 14a). Diese Einsenkung erreicht aber nie eine bedeutende Grösse, und ist in einem späteren Stadium gänzlich verschwunden. Meines Wissens ist Jeffries der einzige Beobachter, der die Anwesenheit dieser Rinne erwähnt hat, ohne sie aber näher zu beschreiben. Er meinte auch, zwischen dem Eizahn und dem Kopf eine ähnliche Rinne gesehen zu haben, die ich aber vergebens suchte.

Durch die Verhornung der Epidermis vertieft sich beim Hühnchen die Rinne, und ihre Ränder werden einander genähert (Fig. 20). Bald darauf beginnt eine neue Wachsthumsrichtung der gesammten

Hornschicht, welche nicht nur die Beschaffenheit dieser Rinne wiederum, sondern auch die Umrisse des Schnabels umgestaltet. Während nämlich Anfangs die Hornschicht ganz unbeweglich auf der Schleimschicht auflag, wächst sie jetzt nach vorn. Im ganzen ist die Bewegung der Hornschicht freilich bis fast zur Zeit des Ausschlüpfens aus dem Ei nur unbedeutend, aber doch hinreichend, um die Rinne noch mehr zu verengen und ihr Lumen, das Anfangs nach oben gerichtet war, immer mehr zu neigen, bis es endlich vollkommen verschwindet.

Durch die Störung, welche diese Bewegung verursacht, werden in der Regel auch die äussersten Hornzellen von den darunter liegenden Zellen abgelöst. Ungefähr zur Zeit des Auskriechens sind die Ränder der Rinne vollkommen mit einander verschmolzen, so dass die frühere Bildung nur noch durch die Anordnung der Hornzellen und die gekrümmte Grenzlinie zwischen Cutis und Epidermis zu erkennen.

Diese krumme Linie verschwindet nicht, sondern bleibt zeitlebens als eine Rinne in der Cutis (Fig. 17 und 21 r) und spielt eine bedeutende Rolle in der späteren Wucherung des Schnabels.

Obgleich ich bei den Embryonen aller Vogelarten, die ich untersuchen konnte, eine solche Rinne beobachtet habe, konnte ich dieselbe in ihren späteren Stadien doch nur beim Hühnchen und Wellenpapagei verfolgen, welch letzterer in dieser Hinsicht vollständig mit dem Hühnchen übereinstimmt.

Eine, an dem Unterkiefer ausserhalb der Mundhöhle wahrnehmbare ähnliche, aber viel kleinere Einsenkung der Epidermis verschwindet durch das Strecken der Epidermis, aber nicht durch das Zusammenschmelzen der Ränder. Was diese Rinnen eigentlich bedeuten, ist schwer zu entscheiden. Wenn dieselben der Ueberrest einer Zahnfurche wären, dann dürfte man wohl auch Zahnfolikel darin zu finden erwarten, doch das stets negative Ergebniss meiner Untersuchungen hat mich überzeugt, dass solche nicht vorhanden sind.

Mir scheint es unter solchen Umständen wahrscheinlicher, dass die Rinne der Lippenfurche zu vergleichen ist, doch gestehe ich dabei offen, dass meine Gründe nicht ausreichen, die Homologie ausser Zweifel zu stellen.

Da die Bildung der Rinne der Abscheidung einer Hornschicht innerhalb der Mundhöhle vorausgeht, glaubte ich Anfangs, dass die Einsenkung nur eine Grenzlinie zwischen den Hornschichten innerhalb und ausserhalb der Mundhöhle darstelle, bis die Untersuchung der älteren Stadien und der ausgewachsenen Thiere bewies, dass solches nicht der Fall sei.

Bei Milvus und Buteo liegt die Rinne des Oberschnabels innerhalb der Mundhöhle. Trotzdem habe ich hier eben so wenig wie beim Hühnchen eine Spur von Zahnkeimen erblicken können. Leider aber fehlten mir die älteren Stadien, so dass ich es ungewiss lassen muss, ob die Rinne verschwindet, oder ob sie bei der Hornbildung des Schnabels eine Rolle spielt. Ich glaube jedoch, dass das letztere der Fall ist. Es sei noch erwähnt, dass sich bei der Taube eine Einsenkung der Epidermis gerade an der Spitze des Schnabels befindet.

Da das Aussehen dieser Einsenkung anders wie bei den übrigen von mir untersuchten Embryonen ist, so scheint es mir passend, eine Abbildung derselben zu geben (Fig. 27). Wenn die Hornschicht dann später nach vorn rückt, dann wird die Schleimschicht (a) des oberen papillenähnlichen Gebildes näher an die Schleimschicht der äusseren Hornwand (b) des Schnabels gebracht und endlich verschmelzen die Schleimschichten.

Wenden wir uns jetzt zu einem Gegenstand, welcher die Aufmerksamkeit der Forscher vielfach in Anspruch genommen hat, zu den Papillen nämlich, in denen man eine Zeit lang die Zahnkeime der Vögel gefunden zu haben glaubte.

Blanchard (13) theilt mit, dass diese Papillen zuerst im Jahr 1820 von Etienne Geoffroy Saint Hilaire beobachtet wurden, der seinen Fund auch der Akademie der Wissenschaften in Paris mitgetheilt habe. Bei jungen Papageien, so zeigte er, sei in beiden Kiefern eine regelmässige Reihe von Papillen vorhanden, die markige Knoten oder Kerne enthielten, welche von Blutgefässen und Nerven durchsetzt wären und den Zahnkeimen der übrigen Wirbelthiere entsprächen. An diese Behauptung knüpfte Cuvier (14) sodann die Bemerkung, dass sich über diese Papillen die Hornschicht in derselben Weise ausbreite, wie der Schmelz über die Zähne, man darf also immerhin annehmen, dass die betreffende Bildung als ein Analogon der echten Zähne zu betrachten sei.

Isidore Geoffroy Saint Hilaire fügte später hinzu, dass das Fehlen der Wurzeln und Alveolen nicht als Beweis gegen die

Deutung seines Vaters aufgeführt werden könne, da dieselben ja
auch bei vielen anderen bezahnten Wirbelthieren nicht vorhanden seien.

An diese geschichtliche Bemerkungen knüpft Blanchard
nun das Resultat seiner eigenen Untersuchung. Er beschrieb den
Zusammenhang der Papillen, die seiner Auffassung nach aus Den-
tin bestehen, mit den Kiefern und vergleicht dieselben mit den
Zähnen der Reptilien, insbesondere mit denen der Chamäleons.
Kurz, er behauptete, dass diese Papillen bei jungen Vögeln echte
Alveolen hätten und aus Dentin, der später resorbirt wurde,
beständen.

Die Bestätigung seiner Angabe sieht er darin, dass Prof.
Meyer in Bonn „la présence de deux petites dents d'apparence
cristalinées situées à l'extrémité de la mandibule supérieure chez
de jeunes poulets arrivés presque au terme de l'incubation" erkannt
habe. Anders Fraisse (15), der die Structur dieser Papillen bei
einem Sperlingspapagei untersuchte und durchaus keine Spur Dentin
in ihnen entdecken konnte, so dass er keinen Anstand nimmt, Blan-
chards Zahntheorie vollständig zu verwerfen. Er sagt: „So
sehen wir auf dem Knochen des Kiefers aufsitzend eine von vielen
Blutgefässen durchzogene Papille, welche von einer Substanz über-
zogen ist, die man im ersten Moment geneigt ist, für Dentin zu
halten. Bei aufmerksamer Betrachtung erkennt man jedoch sofort
die zellige Structur und wird nun keinen Augenblick mehr zwei-
feln können, dass es sich um sehr merkwürdig umgewandelte Hornzellen, nicht aber um Dentinkanälchen handelt."

Gleichzeitig beschreibt er, dass die Papillen auf diese Unterkiefer so mit den Knochen zusammenhängen, „dass sie anscheinend
am Grunde ganz von demselben umfasst werden, — es sind also
kleine Alveolen vorhanden, und deshalb sagt Blanchard nicht zu
viel, wenn er von eingekeilten Papillen spricht."

In keinem der von mir untersuchten Stadien von Melopsittacus, ist diese Eigenthümlichkeit mir aufgefallen, obgleich ich sonst
Fraisse's Beobachtungen bestätigen kann. In Fig. 25 habe ich
Gaumen und Unterkiefer von Melopsittacus abgebildet, nicht nur
mit Papillen auf den Rändern der Kiefer, sondern auch mit einigen
kleinen Erhebungen auf dem Gaumen.

An einem durch den Oberkiefer geführten Längsschnitt (Fig. 26)
sieht man, dass die Cutis in diesen Erhebungen zwar ein festeres

Gewebe bildet, wie anderswo aber nirgends eine Spur von Knochen aufweist. In einem späteren Stadium sind diese Erhebungen
auch wieder verschwunden.

Was sie eigentlich bedeuten, ist mir unmöglich zu sagen.
Wenn zuerst auf dem Gaumen Hornsubstanz auftritt, hat der
Schnabel die gekrümmte Form noch nicht angenommen, welche
den Papageischnabel charakterisirt. Später biegt sich der Schnabel
nach unten und dadurch wird die Epidermis des Gaumens einge-
faltet. Ich halte es für möglich, aber durchaus nicht für wahrscheinlich, dass die Erhebungen auf dem Gaumen durch diese
Formveränderung verursacht worden sind.

Obgleich die Papillen auf den Rändern der Kiefer bei allen
von mir untersuchten Vögeln vorkommen, ragen sie doch nur bei
den Embryonen von Melopsittacus aus der Fläche des Kiefers
heraus. In andern Fällen entstehen dieselben wie bei dem Hühnchen, erst in einer späteren Zeit des Embryonallebens, so dass
sie beständig unter einer Hornscheide verborgen liegen. Wenn die
Hornschicht dann nach vorn rückt, verlängern sich diese Papillen,
bis sie schliesslich die darüber liegende Spitze des Schnabels
bilden.

Um die bedeutende Rolle, welche diese Papillen bei dem
Wachsthum des Schnabels spielen, zu erkennen, muss man den
letzteren bei dem erwachsenen Thiere zur Untersuchung bringen.
Verfolgt man hier nun die Hornschicht rückwärts nach dem Kopf
hin, so findet man, dass dieselbe allmählich dünner wird und
schliesslich in einem solchen Grad, dass es meist unmöglich ist,
die Stelle, wo das Horn aufhört und die Haut des Kopfes anfängt,
genau zu bestimmen. In keinem Fall findet man einen Falz, welcher mit dem Nagelfalz zu vergleichen wäre. Die Cutis ist in
dieser Gegend ganz eben und ohne solche Papillen, wie sie dem
Kronenfalz des Hufes zukommen. Dafür aber findet man weiter
nach der Spitze zu, wo die Hornschicht dicker ist, viele kleine
Cutiserhebungen, welche quer über die Längsaxe des Schnabels
laufen und mit den Leisten des Nagels oder Hufes zu vergleichen
sind, obwohl sie niemals so regelmässig verlaufen, sondern viele
kleine Ausläufer zeigen, die als Vergrösserungen der Oberfläche
der Cutis wahrscheinlich dazu beitragen, die Ernährung der Hornschicht zu erleichtern. Betrachten wir dagegen die untere Fläche
der Spitze, so finden wir hier eine Reihe von kleinen Lücken, die

Ausmündungen der Röhrchen, in denen die Papillen (Fig. 17p) liegen.

Obgleich diese Kanäle häufig Zellen enthalten, die keineswegs verhornt sind, so sind sie doch ebenso oft auch leer. Es ist trotzdem möglich, dass in diesen Röhrchen immer unverhornte Zellen vorhanden sind, die aber unter Umständen so austrocknen und zusammenschrumpfen, dass ihre Anwesenheit nicht mehr zu erkennen ist. Ein Querschnitt durch ein Röhrchen zeigt uns die concentrische Ordnung der Hornzellen, die der Oberfläche der Papillen ihren Ursprung verdanken. Auf der Fläche der Schnabelrinne finden sich zahlreiche kleine Erhebungen oder Papillen, welche wohl Hornzellen bilden, aber keine Röhrchen.

Wir sind jetzt im Stande, die Wucherung des Schnabels mit derjenigen des Hufes zu vergleichen, da meiner Meinung nach die Papillen auf den Rändern des Kiefers genau wie die Papillen in der Krone des Hufes funktioniren.

Bei dem Huf wird durch die Bildung neuer Hornzellen aus den Papillen und den interpapillären Räumen die Hornschicht nach vorn über die Fleischwand hinausgeschoben; auch beim Schnabel, an welchem der grösste Theil der Hornscheide hinter den Papillen liegt, bewirken sie die Bildung neuer Zellen, und schieben diese weiter nach vorn, während zugleich der dahinter liegende Theil des Hornes nachgezogen wird.

Wenn wir einen wenig pigmentirten Hühnerschnabel betrachten, dann gewinnen wir gar leicht die Ueberzeugung, dass eine solche Fortbewegung der Hornscheide stattfindet. Oftmals sehen wir viele kleine Streifen, die immer in der Längsrichtung des Schnabels laufen, und nicht selten V-förmige Figuren bilden, die immer mit dem Winkel nach der Spitze zu liegen. Da der Durchmesser des freien Endes des Hufes grösser ist als der Durchmesser der Krone, so ist es natürlich, dass die Mündungen der Röhrchen hier weiter von einander liegen, als die Papillen, von denen sie gebildet werden. Bei dem Schnabel ist es umgekehrt: da die Spitze einen kleineren Durchmesser hat, als der Theil, an dem die Papillen angebracht sind, so werden die Ausmündungen der Röhrchen näher an einander gebracht. Ich habe auch bemerkt, dass die Röhrchen selbst in der Nähe der Ausmündungen kleiner sind, als die Papillen, und dass sie sich manchmal sogar vollständig schliessen.

Bei Sperlingen habe ich erst nach Entfernung der äusseren Hornfläche die Ausmündungen entdecken können; aber schon bei Lupenvergrösserung sind mir dann die Oeffnungen deutlich zu Gesicht gekommen.

Ravitsch (16) spricht sich über die Abwesenheit von Hornzellen in den Röhrchen bei dem Hufe dahin aus, „dass der starke Blutdruck eine gesteigerte Transsudation von Blutplasma auf diesen Flächen hervorbringe, und dadurch die Verhornung ihrer Zellen verhindere". Obgleich ich keine bessere Hypothese vorzubringen weiss, begreife ich doch nicht, warum an den Spitzen der Papillen ein stärkerer Blutdruck wie anderswo stattfinden soll, und warum dieser, selbst wenn seine Existenz bewiesen wäre, die Verhornung der Zellen verhindere.

Bei dem eben ausgeschlüpften Hühnchen sind noch keine Ausmündungen der Röhrchen zu erkennen. Sie treten erst hervor, nachdem die äussere Fläche abgenutzt worden ist. Der einzige Unterschied, welchen ich zwichen den Papillen bei Melopsittacus und dem Hühnchen fand, besteht darin, dass dieselben bei Melopsittacus grösser sind und sich bilden, bevor dieser Theil des Schnabels mit Horn bedeckt ist, während sie bei den Hühnchen immer unter der Hornschicht verborgen sind.

Bei der Ente sind auf beiden Kiefern Papillen zu sehen, die sich genau in derselben Weise verhalten, wie bei dem Huhn.

Es ist wohl bekannt, dass sich bei diesen Vögeln auf dem Ende des Schnabels eine sehr starke Hornkappe vorfindet, während der hintere Theil dagegen verhältnissmässig nur wenig verhornt ist. Hier bildet sich auf der Spitze der Oberkiefer schon früh in dem Embryonalleben eine Hornschicht, deren Zellen in keiner Weise von den vorherbesprochenen Zellen des Eizahnes abweichen. Wie beim Hühnchen wird der Eizahn auch hier durch die Entstehung neuer Hornzellen emporgeschoben, bis er durch das Epitrichium hindurch bricht. Zur selben Zeit entstehen auf dem Ende des Unterkiefers Hornzellen, die, obgleich sie eine ganz deutliche Erhebung (der Form des Eizahns ähnlich) bilden, doch nur die Beschaffenheit gewöhnlicher Hornzellen haben, und keinen Eizahn darstellen.

Eine Rinne oder Einsenkung der Epidermis, wie sie bei andern Vögeln aufzufinden mir gelang, konnte ich bei der Ente nicht entdecken; indessen es ist immerhin möglich, dass sich eine sol-

che in den von mir untersuchten Stadien noch nicht gebildet hatte.
Da aber, auch in den spätesten Embryonalstadien und bei ausgewachsenen Thieren keine Spur davon zu erblicken ist, so glaube
ich doch mit grossem Recht annehmen zu dürfen, dass dieselbe
bei den Enten überhaupt nie vorhanden ist.

Die Lamellen des Entenschnabels entstehen erst später, wenn
die Entwickelung fortschreitet, und zwar dadurch, dass die Epidermis sich einfaltet. Durch Mangel geeigneter Zwischenstadien
bin ich jedoch verhindert, eine nähere Beschreibung der Lamellen-
bildung zu geben.

Gegen Ende des Embryonallebens fangen die Papillen an,
auszusprossen und zur selben Zeit breitet sich auch die Hornbildung der Art aus, dass die Papillen dadurch verdeckt werden.
Durch diese Ausbreitung wird auch die Fläche der Kappe auf
dem Unterkiefer so vergrössert, dass die früher vorhandene Aehnlichkeit mit einem Eizahn fast verloren geht.

Wie beim Hühnchen, so bilden die Papillen und die interpapillären Räume auch bei der Ente Hornzellen, durch deren
Wucherung der dahinter liegende Theil der Hornkappe nachgezogen
wird. Unter dieser Kappe gewahrt man eine mit vielen kleinen
Erhebungen bedeckte Cutis, welche wie bei andern Vögeln die
Hornschicht bildet, wogegen die Cutis des hinteren Schnabeltheiles
keine solche Erhebungen zeigt, so dass ich keinen Grund habe
anzunehmen, dass auch dieser Theil der Hornschicht nachgezogen
werde. Auf dem Oberkiefer beobachtet man nur eine einzige Reihe
von Papillen, während am Unterkiefer deren drei oder vier zu
finden sind.

Ehe wir unsere Erörterungen schliessen, möchte ich noch
einige Worte über die den Eizahn betreffende Literatur hin-
zufügen.

Yarrell (17) war es, der meines Wissens im Jahre 1826
zuerst dieses Organ erwähnt hat. Er erkannte nicht nur den Zweck
des Eizahnes, die Schaale zu durchbrechen, sondern vermuthete
auch, dass bei denjenigen Vögeln, deren Eischaale ziemlich stark
ist, der Eizahn viel schärfer und härter sei, als bei solchen, welche eine dünnere Eischale haben. Für diese Vermuthung habe
ich keine Bestätigung gefunden: bei Melopsittacus, dessen Eischaale
sehr dünn ist, hat der Eizahn die gleiche Schärfe und Härte, wie
bei Hühnchen.

Im Jahre 1841 fand Mayer (18) „zwei conische, an der Basis und Mitte rundliche, am Ende zugespitzte, hellgelbliche Krystalle oder Zähne, welche ganz nahe nebeneinander in Taschen der Schnabelhaut sitzen, aus welchen sie schief nach auswärts an beiden Seiten hervorragen". Es scheint mir fast, als ob Mayer einen anormalen Embryo untersucht und beschrieben hätte, da ich immer nur einen einzigen Eizahn gefunden habe, von einem Aussehen, wie ich es in Fig. 22 und 23 abgebildet habe. In demselben Jahre entdeckte Johannes Müller (19) bei einigen Schlangen und Eidechsen einen Zwischenkieferzahn, welcher um die Eihaut zu spalten aus der Mundhöhle herausragte. Auch die Crocodile und Schildkröten besitzen nach ihm einen Eizahn, aber einen solchen, der sich auf der Fläche des Oberkiefers erhebt und mit dem Vogeleizahn verglichen wird.

Im Jahre 1857 bemerkt Weinland (20) bei Tringa pusilla die Anwesenheit von zwei Eizähnen, den einen auf dem Ober- und den anderen auf dem Unterkiefer. Er behauptete, dass der letztere, da der Unterkiefer viel kürzer wäre, und die bewaffnete Spitze nicht für das Durchbrechen der Schaale benützt werden könne, nur als eine Stütze des Oberkiefers functionire.

Alle diese Beobachter stimmen darin überein, dass kurz nach dem Auskriechen der Eizahn verloren geht, wie das in Wirklichkeit auch der Fall ist. Ob solches früher oder später geschieht, hängt davon ab, ob der Vogel ein Nestflüchter oder Nesthocker ist.

Bei einer langen Reihe von Schlangen und Eidechsen beobachtete Weinland auch einen Zwischenkieferzahn, demjenigen ähnlich, welcher zuerst von Müller beschrieben wurde. Er zeigte zugleich, dass ein solcher nicht nur bei den Reptilien, welche Eier legen, vorhanden sei, sondern auch bei Eidechsen, welche lebendige Junge gebären.

Im Jahre 1853 veröffentlichte Horner (21) einige Beobachtungen über die Art, wie das Hühnchen die Eischaale durchbricht, indem er zu beweisen suchte, dass das eigenthümliche Geräusch, welches während der drei letzten Tage zu hören ist, nicht durch das Klopfen des Eizahnes an die Schaale, sondern auf andere Weise entstehe.

Da er dieses Geräusch schon gehört hatte, bevor der Schnabel das Amnion durchschneidet, so glaubte er, schliessen zu dürfen, dass es das Athmen des Thieres sei, welches das Geräusch erzeuge.

Um seine Ansicht zu stützen hob er hervor, dass auch einige Physiologen (deren Namen er verschweigt) meinten, dass die Luft erst am neunzehnten Brütungstage in die Lunge eindringe, um dieselbe Zeit also, in der jenes Geräusch zuerst hörbar wird. Ich bezweifle jedoch, dass Horner mit seiner Erklärung das Richtige getroffen hat. Ich kann mich allerdings nicht erinnern, an welchem Tage ich das Geräusch zuerst gehört habe, aber dafür zählte ich (vierundzwanzig Stunden vor dem Auskriechen) bei Hühnchen nicht weniger als einhundertzweiunddreissig Schläge in der Minute, — ich sage „Schläge", denn ich halte das Geräusch für das des Klopfens des Herzens und nicht für das des Athmens.

Literatur.

1) Kerbert, Conrad: „Ueber die Haut der Reptilien und andere Wirbelthiere". Archiv f. mikroskop. Anatomie. Bd. XIII.

2) Jeffries, J. Amory: „The Epidermal System of Birds". Proceed. of the Boston. Soc. of Natural History. Vol. XXII. Feb. 1883.

3) Balfour, F. M.: „Handbuch der vergleichenden Embryologie".

4) Kölliker, Albert: „Entwickelungsgeschichte des Menschen".

5) Grefburg, Wilh.: „Die Haut und deren Drüsen in ihrer Entwickelung". Mittheilung aus dem embryologischen Institute der k. k. Universität in Wien. II. Band, 3. Heft. 1883.

6) Kollmann, Arthur: „Der Tastapparat der Hand der menschlichen Rassen und der Affen in seiner Entwickelung und Gliederung".

7) Una, Paul G.: „Handbuch der Hautkrankheiten" von H. v. Ziemens.

8) Leydig: „Handbuch der Histologie".

9) Welcker, Hermann: „Ueber die Entwickelung und den Bau der Haut und Haare bei Bradypus".

10) Bischoff: „Entwickelungsgeschichte der Säugethiere und des Menschen".

11) Fehling: „Archiv für Gynäkologie". Bd. 14.

12) Prochownick: „Archiv für Gynäkologie". Bd. 11.

13) Blanchard: Comptes Rendus. Vol. I. 1860.

14) Cuvier: Analyse des travaux de l'Académie des sciences, pendant l'année 1821.

15) Fraisse, Paul: „Ueber Zähne bei Vögeln". Vortrag, gehalten in der physicalisch-medicinischen Gesellschaft. Würzburg, Dez. 1879.

16) Ravitsch, Joseph: „Ueber den feineren Bau und das Wachsthum des Hufhorns. 1863.

17) Yarrell, William: „On the small horny appendage to the upper mandible in very young chickens". Zoolog. Journ. 1826.

18) Mayer: Neue Notizen von Foriep, Bd. 20.

19) Müller: Müller's Archiv. 1841.

20) Weinland: „On the armiture of the lower bill of Tringa pusilla". Proc. Essex Institute. 1857.

21) Derselbe: „On the eggtooth of Snakes and Lizards". Proc. Essex Institute 1856. (?) Würtemb. Jahreshefte des Vereins für deutschländische Naturkunde. 1859.

22) Horner, F. R.: Report of British Assoc. 1853.

Erklärung der Abbildungen.

Fig. 1. Querschnitt durch den Schweinshuf zur Zeit der Entstehung des Hornes. E. Epitrichium, H. Horn, S. Schleimschicht.

Fig 2. Querschnitt durch denselben in einem älteren Stadium.

Fig. 3. Der zwischen a—a und b—b liegende Theil von Fig. 2 vergrössert.

Fig. 4. Der Huf des 17cm langen Schweinsembryo.

Fig. 5. Querschnitt durch denselben.

Fig. 6. Epitrichiumzellen von demselben.

Fig. 7. Epitrichiumzellen des Lammes zur Zeit der Geburt.

Fig. 8,9 u. 10. Schematische Darstellungen der Epiblastzellen des Hühnchens.

Fig. 11. Anschwellung der Epidermis auf dem Oberkiefer des Hühnchens.

Fig. 12. Querschnitt durch den vorderen Theil des Schnabels eines 11 Tage alten Hühnchens. r. Rinne.

Fig. 13. Ein ähnlicher Schnitt, nicht soweit nach vorn.

Fig. 14. Ein ähnlicher Schnitt durch den Eizahn. ez. Eizahn; h. Horn; e. Epitrichium; r. Rinne; a. Einfaltung der Epidermis.

Fig. 15. Der zwischen a—a und b—b liegende Theil von Figur 12 vergrössert.

Fig. 16. Ein Theil von einem Längsschnitt durch den Schnabel eines 14 Tage alten Hühnchens.

Fig. 17. Der Hühnerschnabel nach dem Abziehen des Hornes. r. Rinne. p. Papillen.

Fig. 18. Epitrichiumzellen des Hühnchens (ungefähr am 17. Brütungstage).

4

Fig. 19. Längsschnitte durch den Hühnchenschnabel (ungefähr am 14. Brütungstage). r. Rinne. ez. Eizahn.

Fig. 20. Die Rinne in einem etwas älteren Stadium.

Fig. 21. Dieselbe an einem noch älteren Stadium (am 18. Brütungstage).

Fig. 22. Eine Abbildung des Schnabels eines 18 Tage alten Hühnchens.

Fig. 23. Schnabel zur Zeit des Auskriechens aus dem Ei.

Fig. 24. Längsschnitt durch den Schnabel von Milvus. p. Papille auf dem Unterkiefer.

Fig. 25. Abbildung des Gaumens und Unterkiefers des Melopsittacus von unten gesehen. p. Papillen auf dem Unterkiefer.

Fig. 26. Längsschnitt durch den Oberkiefer desselben. p. Papillen auf dem Gaumen.

Fig. 27. Längsschnitt durch den Taubenschnabel.

Vita.

Ich, Edward Gardiner Gardiner, wurde in New York U. S. A. am 29. Juli 1854 als Sohn des im Jahre 1859 verstorbenen Architecten Edward Gardiner geboren.

In meinem 6. Lebensjahre siedelte meine Mutter nach Boston über, woselbst ich die Schule besuchte. In meinem 17. Jahre wurde ich eines Augenübels wegen gezwungen, fünf lange Jahre meine Studien zu unterbrechen, und so war es mir erst im Jahr 1877 möglich, das „Massachusetts Institute of Technology" zu beziehen. Während der Sommermonate hielt ich mich an der Seeküste auf und arbeitete in dem Laboratorium meines Lehrers und Freundes Herrn Prof. Hyatt's, dem ich zu ausserordentlichem Danke verpflichtet bin. Im Jahr 1882 erwarb ich mir den Grad eines „Bachelor Sciencia".

Nach dieser Zeit kam ich nach Europa und stellte mich unter die Leitung des Herrn Geheimrath Prof. Leuckart, dem ich hiermit meinen herzlichsten Dank für alle seine Mühe und die mir erwiesene Aufmerksamkeit ausspreche.

Zugleich hörte ich die Vorlesungen der Herren Professoren Leuckart, Rauber, Zirkel, Credner und Schenk, und der Herren Privat-Docenten Marshall, Fraisse und Chun. Herrn Geheimerath Prof. Leuckart und Herrn Dr. Marshall gebührt mein bester Dank für den Dienst, den sie mir als einem Ausländer durch die Durchsicht dieser meiner Arbeit geleistet haben.

Fig. 16.

r

Fig. 26.

r

p

b

Fig. 27.